全国高等院校云计算系列"十三五"规划教材

云平台构建与管理

主　编　李永钢　尚　鹏　王丁磊
副主编　刘　铭　刘　军　蔡晓龙
　　　　贾伟峰　田喜平

中国铁道出版社有限公司
CHINA RAILWAY PUBLISHING HOUSE CO., LTD.

内 容 简 介

本书系统介绍了云平台的概念、类型、架构，并以开源云平台 OpenStack 为例，介绍了 OpenStack 云平台各组件的架构、部署安装和管理使用。本书注重云平台基础概念的讲解，同时又注重实践部署和应用，内容具有一定的前瞻性。本书共 6 章，主要内容包括云平台的架构、开源云管理平台 OpenStack、OpenStack 的安装和配置、OpenStack 平台的管理等。

本书适合作为计算机相关专业云计算方向的云平台课程教材，也可作为云平台开发、云计算研发和运维的相关技术人员参考书。

图书在版编目（CIP）数据

云平台构建与管理 / 李永钢，尚鹏，王丁磊主编. —北京：中国铁道出版社，2018.5（2025.1重印）

全国高等院校云计算系列"十三五"规划教材

ISBN 978-7-113-24283-1

Ⅰ. ①云… Ⅱ. ①李… ②尚… ③王… Ⅲ. ①计算机网络-高等学校-教材 Ⅳ. ①TP393

中国版本图书馆 CIP 数据核字（2018）第 089906 号

书　　名：云平台构建与管理
作　　者：李永钢　尚　鹏　王丁磊

策　　划：韩从付　　　　　　　　　　　　　　编辑部电话：（010）51873090
责任编辑：周海燕　冯彩茹
封面设计：乔　楚
责任校对：张玉华
责任印制：赵星辰

出版发行：中国铁道出版社有限公司（100054，北京市西城区右安门西街 8 号）
网　　址：https://www.tdpress.com/51eds
印　　刷：北京铭成印刷有限公司
版　　次：2018 年 5 月第 1 版　　2025 年 1 月第 4 次印刷
开　　本：787 mm×1 092 mm　1/16　印张：12.25　字数：264 千
书　　号：ISBN 978-7-113-24283-1
定　　价：35.00 元

前　言

随着云计算时代的到来，云计算服务已经成为各行业实现信息化的基础性服务。这种日渐流行的技术，正推动着这个行业的革命性变化和第三次 IT 浪潮。当下一些完备的云计算商业产业链已逐渐形成，如亚马逊的 EC2、VMware 公司的一系列产品等，使得云计算不仅成为一项优秀的 IT 技术，也逐渐成为一种新的商业计算模型和 IT 服务运营模式，特别是在移动互联网日渐成熟的今天，云计算使人们"像使用自家的水、电一样"方便快捷地使用运营商提供的任何形式的计算、网络等资源，而不需要在这些硬件等基础设备上增加投入。

在诸多云计算相关产品中，云平台是一种相对典型而成熟的云产品。它采用云计算 3 种模式中的基础设施即服务（IaaS）模式，能够灵活地配置用户需要的计算资源等基础设施，用户能够按需使用云平台上的一切虚拟资源。OpenStack 是由 NASA（美国国家航空航天局）和 Rackspace 合作研发并发起的一个开源的云计算管理平台项目，它是 IaaS 云计算解决方案。通过使用 KVM 等虚拟化技术，将服务器的硬件进行虚拟，根据用户的需求可以随意配置，从而能够对外提供强大的计算能力。用户通过网络可以使用 OpenStack 平台中的虚拟计算机，平台管理员可以通过后台或管理页面进行整个云平台资源的管理和配置。

OpenStack 的部署是一个较为烦琐的过程，其本身包含的组件是以插件的形式组合后部署在 OpenStack 的计算节点和控制节点上，对于初学者完成这一阶段的学习较为困难。本书针对 OpenStack 架构进行深入分析，对 OpenStack 组件的构成及协作流程进行介绍，从 N 版 OpenStack 的各个组件的工作原理出发，介绍不同组件的作用及工作过程。书中以 N 版 OpenStack 的部署过程为分析案例，同时本书还介绍云平台底层使用的虚拟化技术的原理和实践。

本书主要适用于云平台初学者对云平台的技术的理解与认识，培养学员 OpenStack 部署的实践能力，在实践中提高学员对理论的理解与认识，培养初学者的工程部署经验和习惯，使其能够进行云计算其他领域的技术使用与开发。

本书内容主要涵盖 OpenStack 核心组件的工作原理和云管理平台的部署安装，为了遵循"教、学、做"一体化教学模式，在每章内容的编排上，能够按照"学以致用，理论结合实践"，以培养实践能力为目标，在保证 OpenStack 基本理论的认知基础上，注重 OpenStack 工程实践中的配置、安装及虚拟化技术的使用和理解。

本书共 6 章，主要内容包括云平台架构、开源云管理平台 OpenStack、OpenStack 的安装和配置、OpenStack 平台的管理等。在第 1 章和第 2 章的学习过程中，通过云计算与云平台的基本概念、云平台的整体架构，使读者对云平台具有一个初步的整体认识；第 3 章至第 5 章，针对 OpenStack 的计算组件 Nova、认证组件 Keystone、镜像组件 Glance、存储组件 Cinder、网络组件 Quantum 以及仪表盘组件 Horizon 进行介绍，特别是在对每个组件的介绍过程中，首先从原理上对 OpenStack 的各个核心组件进行分析，然后通过具体的部署、配置和管理，使读者在了解相关理论基础的同时培养读者的实际动手能力。第 6 章通过一个综合实例，讲解使用 OpenStack 搭建多节点私有云的方法。

本书由李永钢、尚鹏、王丁磊任主编，刘铭、刘军、蔡晓龙、贾伟峰、田喜平任副主编。编写分工如下：第 1 章由尚鹏编写，第 2 章由刘铭编写，第 3 章由王丁磊编写，第 4 章由李永钢编写，第 5 章由刘军和蔡晓龙编写，第 6 章由贾伟峰和田喜平编写。全书由南京大学徐洁磐教授主审，由李永钢统稿。

由于编者水平有限，加之时间仓促，书中难免存在疏漏和不足之处，恳请读者批评和指正。

编　者

2018 年 1 月

目　录

第1章
云平台概述

1.1 云平台简介

　　云计算平台简称云平台，可视为由计算机硬件、网络及相关软件构成，基于计算机软硬件并向平台用户提供计算服务、网络和存储能力的综合体。它往往与具体的某个应用相结合，如办公云平台、存储云平台、阅读云平台、搜索云平台等。

1.1.1 云计算

　　"云"作为计算机资源在现阶段中的一种重要形式，也是计算机领域的一大技术转变。初期的"云"主要致力于"计算"能力的整合与优化，这也是为什么"云"又称"云计算"的原因。"云计算"是一种计算模型，它将诸如运算能力、存储、网络和软件等资源抽象成服务，以便让用户通过互联网远程享用，付费的形式也如同传统公共服务设施一样。

　　"云"是网络、互联网的一种比喻说法。过去在图中往往用云表示电信网，后来也用来表示互联网和底层基础设施的抽象。因此，云计算甚至可以让人们体验每秒10万亿次的运算能力，拥有这么强大的计算能力可以模拟核爆炸、预测气候变化和市场发展趋势。用户通过计算机、笔记本式计算机、手机等方式接入数据中心，按自己的需求进行运算。

　　对云计算的定义有多种说法。美国国家标准与技术研究院（NIST）定义：云计算是一种按使用量付费的模式，这种模式提供可用的、便捷的、按需的网络访问，进入可配置的计算资源共享池（资源包括网络、服务器、存储、应用软件、服务），这些资源能够被快速提供，只需投入很少的管理工作，或与服务供应商进行很少的交互。

云计算是网格计算、分布式计算、并行计算、网络存储、虚拟化、负载均衡等传统计算机技术和网络技术发展融合的产物。它旨在通过网络把多个成本相对较低的计算实体整合成一个具有强大计算能力的系统，并借助 SaaS、PaaS、IaaS 等商业模式把这强大的计算能力分布到终端用户手中。它是基于互联网的超级计算模式，即把存储于个人计算机、移动电话和其他设备上的大量信息和处理器资源集中在一起，协同工作。在极大规模上可扩展的信息技术能力向外部客户作为服务来提供的一种计算方式。云计算的一个核心理念就是通过不断提高"云"的处理能力，进而减少用户终端的处理负担，最终使用户终端简化成一个单纯的输入/输出设备，并能按需享受"云"的强大计算处理能力。

数据存放在云端后不必备份；软件存放在云端后不必下载可以自动升级；在任何时间，任意地点，任何设备登录后就可以进行计算服务，具有无限空间，无限速度。云计算的以服务为基础、可扩展性及弹性、共享、按使用计量、基于互联网技术等特性为云计算提供了很好的发展空间，宽带的发展也为云计算提供了硬件基础。云计算的快速发展预示着该技术可以带来美好的应用前景和更多的经济收益。Amazon、Google、IBM、Microsoft、Sun 等 IT 公司已纷纷建立并对外提供各种云计算服务。Amazon 研发了弹性计算云 EC2 和简单存储服务 S3 为企业提供计算和存储服务。Google 也开发了一系列成功的应用，包括 Google 地球、地图、Gmail、Docs 等。并且已经允许第三方在 Google 的云计算中通过 Google App Engine 运行大型并行应用程序。Hadoop 模仿了 Google 的实现机制。IBM 在 2007 年 11 月推出了"改变游戏规则"的"蓝云"计算平台，为客户带来即买即用的云计算平台。

IT 资源服务化是云计算最重要的外部特征。当前，各类云服务之间已开始呈现出整合趋势，越来越多的云应用服务商选择购买云基础设施服务而不是自己独立建设。可以预见，随着云计算标准的出台，以及各国的法律、隐私政策与监管政策差异等问题的协调解决，云计算将推动 IT 领域的产业细分：云服务商通过购买服务的方式减少对非核心业务的投入，从而强化自己核心领域的竞争优势。最终，各种类型的云服务商之间形成强强联合、协作共生关系，推动信息技术领域加速实现全球化，并最终形成真正意义上的全球性的"云"。未来云计算将形成一个以云基础设施为核心、涵盖云基础软件与平台服务与云应用服务等多个层次的巨型全球化 IT 服务化网络。如果以人体作为比喻，那么处于核心层的云基础设施平台将是未来信息世界的神经中枢，其数量虽然有限但规模庞大，具有互联网级的强大分析处理能力；云基础软件与平台服务层提供基础性、通用性服务，例如，云操作系统、云数据管理、云搜索、云开发平台等是这个巨人的骨骼与内脏，而外层云应用服务则包括与人们日常工作与生活相关的大量各类应用，例如，电子邮件服务、云地图服务、云电子商务服务、云文档服务等，这些丰富的应用构成巨型网络。各个层次的服务之间既彼此独立又相互依存，形成一个动态稳定结构。越靠近体系核心的服务，其在整个体系中的权重也就越大。因此，未来谁掌握了云计算的核心技术主动权以及核心云服务的控制权，谁就将在信息技术领域全球化竞争格局中处于优势地位。

1.1.2　云计算的服务模式

云计算的 3 种典型的服务模式是：SaaS（Saftwave as a Service，软件即服务）、PaaS（Platform as a Service，平台即服务）和 IaaS（Infrastructure as a Service，基础设施即服务）。

（1）SaaS

SaaS 是一种全新的软件应用模式。这种模式是通过 Internet 提供软件的模式，厂商将应用软件统一部署在自己的服务器上，客户可以根据实际需求，通过互联网向厂商定购所需的应用软件服务，按定购的服务多少和时间长短向厂商支付费用，并通过互联网获得厂商提供的服务。

提供给客户的服务是运营商运行在云计算基础设施上的应用程序，用户可以在各种设备上通过瘦客户端界面访问。这种服务模式在业内使用是最为普遍的一种，腾讯的游戏、阿里巴巴的在线支付等都提供相关的服务项目。

（2）PaaS

PaaS 是一种以提供服务器平台为主的服务模式，这种云服务企业通过定制化研发的中间件平台，节省用户的开发成本，使用户只需要将精力放置在其核心业务上，至于服务器的系统维护、数据存储等运维工作交由云计算公司托管完成。

提供这种服务模式的公司较多，如阿里巴巴的云服务器（阿里云）、IBM 的 Bulemix 等。

（3）IaaS

IaaS 是一种以提供基础设备为服务的云计算服务模式。这种服务的提供商往往是给用户提供所有设施的利用，包括处理、存储、网络和其他基本的计算资源。用户在其上可以运行和发布任意软件，而用户则不需要管理或控制任何云计算基础设施。OpenStack 云平台就是其中的一种。用户可以使用 OpenStack 中的虚拟机、网络，甚至是存储器等硬件设施。

云计算的本质源于"服务"。在云计算的语境中，一个服务意味着一种可按需取用的状态。所以 SaaS 就意味着软件，例如某个应用程序，可以按需取用，关注点在于其内部的可用功能而不是应用之外的东西。PaaS 提供的是一种按需取用的正常运行环境，即把什么样的按需应用功能组合部署到这一环境中去。由于正常运行环境是可以按需取用的，所以一个部署到其中的应用也可以在按需取用的状态下运行。也就是说，这些部署到 PaaS 环境中的应用是可以按需交付的，结果就和 SaaS 一样。再说到 IaaS，它指的是可以按需取用、按需预配置的基础设施。对 IT 专业人士来说，在运营层面预配置基础设施等同于部署服务器。而在云计算环境中，所有服务器都已虚拟化，而且是以虚拟机的形式部署，所以 IaaS 最终具有了按需部署虚拟机的能力。

1.1.3 云平台的发展

在诸多云计算相关产品中，云平台是一种相对典型而成熟的云产品，它采用 IaaS 模式，能够灵活地配置用户需要的计算资源等基础设施，用户能够按需地使用云平台上的一切虚拟资源。

德勤咨询公司的 Mark White 与 Bill Briggs 认为，大多数机构已经不限于使用一套云平台，而是同时应用多套云平台。

由至少一套公共云与私有云共同组成的混合云平台才是未来发展的必然趋势，事实上，White 和 Briggs 都认为企业越来越希望能将自己的各类应用程序及基础设施服务转移到云平台上。德勤公司将这种方案称为"超级混合云"，其中不同类型的云彼此核心相连、息息相关。

这种由"单一云"向"复合云"转变的过程在带来机遇的同时，也同样在集成化安全、数据完整性与可靠性乃至业务流程规则等方面给技术人员带来新的挑战。在巨大的压力之下，企业 IT 组织只有将自身固有的一项或者多项服务项目严密整合，方可适应新形势下复合云平台所提出的各种难题。

云计算技术总体趋势向开放、互通、融合（安全）方向发展，未来云计算将向公共计算网发展，对大规模的协同计算技术提出新的要求，虚拟机的互操作、资源的统一调度需要更加开放的标准，云标准已经引起行业的高度重视，并得到较快发展。云计算的出现并快速发展，一方面是虚拟化技术、数据密集型计算等技术发展的结果；另一方面也是互联网发展需要不断丰富其应用的必然趋势的体现。目前，云计算还没有统一的标准，虽然 Amazon、Google、IBM、Microsoft 等云计算平台已经为很多用户所使用，但是云计算在行业标准、数据安全、服务质量、应用软件等方面也面临各种问题，这些问题的解决需要技术的进一步发展。总体上讲，云计算领域的研究还处于起步阶段，尚缺乏统一明确的研究框架体系，还存在大量未明晰和有待解决的问题，研究机会、意义和价值非常明显。现有的研究大多集中于云体系结构、云存储、云数据管理、虚拟化、云安全、编程模型等技术，云计算领域尚存在大量的开放性问题需要进一步研究和探索。

1.1.4 云平台的特点

云计算可以按需提供弹性资源，它的表现形式是一系列服务的集合。结合当前云计算的应用与研究，其体系架构可分为核心服务层、服务管理层、用户访问接口层。核心服务层将硬件基础设施、软件运行环境、应用程序抽象成服务，这些服务具有可靠性强、可用性高、规模可伸缩等特点，满足多样化的应用需求；服务管理层为核心服务提供支持，进一步确保核心服务的可靠性、可用性与安全性；用户访问接口层实现端到云的访问。

（1）核心服务层

云计算核心服务通常可分为 3 个子层：基础设施即服务层（IaaS）、平台即服务层（PaaS）、软件即服务层（SaaS）。IaaS 提供硬件基础设施部署服务，为用户按需提供实体或虚拟的计算、存储和网络等资源。PaaS 是云计算应用程序运行环境，提供应用程序部署与管理服务。SaaS 是基于云计算基础平台所开发的应用程序。

（2）服务管理层

服务管理层对核心服务层的可用性、可靠性和安全性提供保障。服务管理包括服务质量保证和安全管理等。

（3）用户访问接口层

用户访问接口层实现了云计算服务的泛在访问，通常包括命令行、Web 服务、Web 门户等形式。命令行和 Web 服务的访问模式既可为终端设备提供应用程序开发接口，又便于多种服务的组合。Web 门户是访问接口的另一种模式。通过 Web 门户，云计算将用户的桌面应用迁移到互联网，从而使用户随时随地通过浏览器就可以访问数据和程序，提高工作效率。虽然用户可通过访问接口使用便利的云计算服务，但是由于不同云计算服务商提供的接口标准不同，导致用户数据不能在不同服务商之间迁移。为此，在 Intel、Sun 和 Cisco 等公司的倡导下，云计算互操作论坛宣告成立，并致力于开发统一的云计算接口，以实现"全球环境下，不同企业之间可利用云计算服务无缝协同工作"的目标。

1.1.5 云平台的优势与劣势

1. 云平台的优势

阿里巴巴集团董事局主席马云曾经说过，在未来的电子商务中，云计算将成为一种随时随地的服务，就像供水、供电一样成为公共基础服务，而云计算必然给企业，乃至整个社会带来便利。其中云平台是云计算技术的主要呈现形式，大部分用户都将通过云平台体验云计算技术的发展成果，其主要优势表现在以下几方面：

（1）降低企业运维成本

云计算可以让所有资源得到充分利用，其中包括价格昂贵的服务器以及各种网络设备，工作人员的共享使成本降低，特别是小到中等规模的应用和原型，如企业中的私有云，企业的维护人员只需要针对云服务器进行日常维护，每个用户仅仅访问和使用各自在服务器中预先分配的计算资源即可。

（2）简化维护

由于所有数据和计算都由云服务器承担，企业的维护人员能统一实现整个企业的数据等资源的管理，简化了日常的工作流程。

（3）终端设备要求最低，使用起来也更方便

由于应用程序在云中而不是在自己的个人计算机上运行，个人计算机不需要传统的桌面软件所要求的处理能力或硬盘空间。因此，云计算的客户端计算机可以是低价的，具有较小的硬盘，更少的内存，更高效的处理器。例如，终端用户的设备上不需要 CD 或 DVD 驱动器，因为不需要加载软件程序，也无须保存任何文档。

（4）无限的计算和存储能力

由于云中的用户通过终端进行访问，用户的计算和存储需求均可以在云中得以满足，甚至用户根本无须担心其能力上限问题，因为云本身就是一种资源共享的无限资源集合体，其本身具备资源调度功能。

2. 云平台的劣势

任何事物都有其两面性，云平台也不例外。云平台除了有以上优势外，它也存在如下劣势：

（1）数据安全性

从数据安全性方面看，比较成熟的云计算厂商 Amazon、Google、IBM、Microsoft、Oracle、Cisco、HP、Salesforce、VMware 等都没有完全解决这个问题，所以很多企业了解到所用数据的类型和分类后，他们还是会决定通过内部监管来控制这些数据。而绝不会将具备竞争优势或包含用户敏感信息的应用软件放在公共云上，这个也是众多企业保持观望的一个原因。

（2）厂商按流量收费有时会超出预算

虽然云厂商推出云产品时大力宣传随时获取，按需使用，随时扩展，按使用付费，但在很大程度上价格都比较高，至少在目前还没有降低的趋势，像索尼娱乐这样的公司，就不考虑采用外部云服务来应对存储扩展能力的挑战。位于加利福尼亚的 Culver City 的高级系统工程师 Nick Bali 表示，索尼每天的动画访问和产生的数据量都高，如果放在云上进行数据读取，公司需要的网络带宽是非常庞大的，这样所需的成本过于巨大，甚至超过了购买存储本身的费用。

（3）企业的自主权降低

企业自主权是一个比较敏感的话题，出于慎重考虑，都希望能对自己公司的应用进行完全管理和控制。在原来的模式中，可以搭建自己的基础架构，每层应用都可以自定义设置和管理；而换到云平台以后，企业不需要担心基础架构，也不需要担心诸如安全、容错等方面的问题，但同时也让企业感到了担忧，毕竟现在熟悉的东西突然变成了一个黑盒。

（4）大型企业难以扩展

很多大型企业已经花巨资购买了硬件并逐渐构建了自己的服务器集群（有的企业还购置了最新的刀片服务器），然后也购买了所需的系统软件和应用软件，而且也在此基础上搭建了基础平台架构。针对这样的企业来说，它们没有必要把自己的应用舍本求末地放在

云上，所以这也是很多企业不愿意移植的原因之一。

（5）云计算本身还不太成熟

云计算还没有统一的平台和标准来规范，在安全性、稳定性方面，企业还应结合自身因素慎重考虑。云计算还有很长的路要走，很多地方还有待进一步优化，但它必定会成为未来趋势。

1.2　云平台的类型

按照云平台的功能和用途进行分类，云计算平台大体上可分为以数据存储为主的数据密集型云平台、以数据处理为主的计算密集型云平台、计算和数据存储处理兼顾的综合云平台。

1.2.1　数据密集型云平台

数据密集型计算（Data Intensive Computing）是采用数据并行方法实现大数量并行计算的应用，计算数据量级为 TB 或 PB 级，因此又称为大数据的核心支撑技术。数据密集型计算产生了数据密集型科学。利用多种来源的海量时空数据中实验、分析、模拟与发现全球变化与区域可持续、均衡发展的规律是当前数据密集型科学面临的研究主题。

由于"云计算"的进一步推广，出现了以"数据共享"为主要服务内容的云服务，特别是随着"大数据"的产生，云中的数据量呈指数增长，而海量数据的存储必然需要云技术进行解决，以存储为主要功能的云平台就是针对这种需求出现的。

数据密集云平台是一种存储型云平台，它是云计算概念的延伸，这种云平台采用网络和分布式技术，实现网络中大量各种不同类型的存储设备通过应用软件集合起来协同工作，共同对外提供数据存储和业务访问功能。云平台在这种数据存储系统中是若干数据管理软件的集合，它们相互协作负责云中海量数据的存储、管理、检索和访问等操作。另外，数据密集型云平台在云计算领域中大部分是以"数据中心"形式存在的。商业中的云存储平台一般具备海量、可靠、安全和高可用等特点，这也是云存储的商业价值所在。例如，百度云盘、阿里云存储、腾讯等企业均提供数据存储服务相关的云平台，用户通过这些云平台能够实现个人数据的云端管理和异地访问。

1.2.2　计算密集型云平台

计算密集型云平台就是主要以数据计算、处理服务为主的云计算平台，为用户提供相应级别的高性能计算环境。用户可根据需求选择相应的计算能力，并支付相应的费用。通过云平台的高性能计算能力，用户与企业均能获得与现有大型机相媲美的计算能力，进行大规模的数据处理计算，为企业和个人减少成本开支。

云计算平台可以通过并行计算、网格计算等策略实现云集群的高性能计算，为用户提供灵活、便捷的高性能计算服务。

计算密集型云平台是云计算早期发展的核心动力之一，为了实现计算资源（CPU）的共享而形成的数据处理型云平台。该种类型的云平台主要是以提供计算服务为主要特点，用户可以按照"运算的时长"进行付费，例如，现阶段中的高性能计算就是一种典型的计算密集型云平台。

大多数计算密集型云平台的计算服务形式以"虚拟计算机"的形式出现，用户通过虚拟计算机进行云端操作，就像使用个人计算机一样完成办公、上网等操作。

1.2.3　综合云平台

综合云平台结合业界最先进的云计算技术架构和服务模式，对企业和组织的 IT 架构进行优化整合，通过虚拟化、自动化等关键技术手段，搭建统一云管理平台，充分体现云计算的理念和应用，实现 IT 应用和服务的全新使用模式，帮助企业和组织将大量硬件资源进行标准化、自动化、集中化的统一管理。其技术特点如下：

（1）整合资源体系，提升信息化管理水平

建立标准化的云计算管理规范，配合云管理平台流程化，整合资源体系，建立可视化的统一资源管理体系，全面提升 IT 管理水平。

（2）打造融合架构，支撑企业信息化发展

通过打造融合的 IT 基础架构，避免资源无序增长，提高软硬件资源利用率，保护软硬件资源投资，助力企业业务发展。

（3）持续动态优化，应对敏捷业务需求

通过资源格式标准化和自动化资源服务实现几分钟内完成部署上线，并让高可用和在线扩容在资源池中得到实现，根据动态的资源负载水平决定分配和使用策略，灵活面对不断变化的业务需求。

1.3　云管理平台

云平台需要相应的软件管理云端资源，通常将这个管理系统软件称为云管理平台。云管理平台能将现有的基础设施、计算机硬件，转换为一个单独的资源库，通过重新划分实现不同用户资源的合理分配。不仅如此，云管理平台还可以对资源的使用进行监控和计量，这会让系统的可靠性更高，从而让整个云平台更稳定，更安全。

1.3.1　商用云管理平台

熟知的云管理平台有 IBM 的 SKC、Microsoft 的 System Center、VMware 的 vCloud Director 等。

1. IBM SKC

2011 年 12 月 7 日，IBM 在北京举行了主题为"云固基础，智算未来"Power Cloud 战略发布会，在本次发布会上，IBM 推出了"基础架构云快速部署解决方案套件——Starter Kit for Cloud（SKC）"。据 IBM 介绍，SKC 是构建在 PowerVM 与 VMControl 之上的云计算管理平台软件，能够在系统资源池基础上实现"快速云（Entry Cloud）"的部署，确保以较为经济和简捷的方式实现云服务管理的落地。

SKC 是来自于中国客户的真实需求，由 60 多位工程师历时一年半的时间研发、经 IBM 全球研发机构合作打造的、在全球发布的标准产品。目前不仅支持 Power 服务器，还支持 x86 服务器，未来也将支持 Z 系列产品。同时，SKC 部署在虚拟化平台之上，自带自服务界面，用户通过 Web 界面即可访问，由于其采用开放的 IAAS REST API，便于用户进行个性化的开发。

2. Microsoft System Center 2012

微软将 System Center 2012 定位为一款云管理工具，能够同时作用于内部服务器（如 Windows、Solaris 以及 Linux）中的"私有云"以及公共云服务。不过这里所说的"公共云"概念与人们普及了解的有所不同，指的仅是托管于 Microsoft 的 Windows Azure 云中的资源，而非处于激烈竞争中的广义公共云。

System Center 2012 版本中的新特性之一在于提供了对 Android、iOS、Symbian 以及 Windows Phone 7 移动设备的管理能力。由于微软长期以来高效管理此类设备的 EAS（Exchange Active Sync）策略的引入，才使得这一设想成为现实。与之前的版本一样，最新的 System Center 同样为 Windows 个人计算机准备了一套桌面系统与虚拟桌面系统管理工具。

3. VMware vCloud Director

VMware vCloud Director 使客户能够按需交付基础架构，以便终端用户能以最大的敏捷性使用虚拟资源。扩展模块、API 和开放式跨云标准使 vCloud Director 客户可以与现有管理系统集成，并提供在不同云环境之间迁移工作负载的灵活性。通过内置的安全性和基于角色的访问控制，可以在共享基础架构上整合数据中心和部署工作负载。

借助 VMware vCloud Director，客户可以将基础架构资源整合成虚拟数据中心资源池，并允许用户按需消费这些资源，从而构建安全的多租户混合云。VMware vCloud Director 可将数据中心资源（包括计算、存储和网络）及其相关策略整合成虚拟数据中心资源池。完全封装的多层虚拟机服务可使用开放式虚拟化格式（OVF）作为 vApp 交付。终端用户及其相关策略在组织内捕获。通过有计划地对基础架构、用户和服务进行基于策略的池化，VMware vCloud Director 能够智能地实施策略并带来前所未有的灵活性和可移植性。

VMware vCloud Director 的工作原理采用"基础架构即服务"方式交付基础架构，可将多个集群的基础架构资源整合成基于策略的虚拟数据中心资源池。通过与已部署的 VSphere 集成并扩展 VMware Distributed Resource Scheduler（DRS）和 VMware。

4. Dell 的 VIS

Dell 的虚拟集成系统（VIS）体系结构通过在数分钟内响应选定的业务请求，帮助提高数据中心效率，可以简化管理工具和任务，同时从现有基础架构投资中获得更多回报

① 帮助降低与管理、维护和许可相关的数据中心成本

② 提高在响应不断变化的技术和业务需求方面的灵活性。

③ VIS 体系结构可帮助应用现有投资和未来技术，使可保留选择，同时更快地获得投资回报。

④ 促进实时配置，从而消除为了应对意外增长而进行过度配置或过度采购的需求

5. Fujitsu 的 ROR 3.0

2011 年 2 月 15 日，Fujitsu 推出全新 Fujitsu ServerView Resource Orchestrator 系列前沿产品，使得私有云的构建、扩展和整合变得更为简单。全新 FUJITSU（简称 ServerView ROR 3.0）具有更强的云管理能力，提供企业级的多租户系统平台支持，允许组织机构将其静态数据中心转变为动态资源交付中心。作为 Fujitsu 的资源管理软件（ServerView 资源协调器和云架构管理软件）的最新产品，Fujitsu ServerView Resource Orchestrator 为用户提供一整套可扩展的私有云架构，能够与各个阶段的云计算（服务器整合、虚拟化、标准化、混合及完全自助云服务）相匹配，为客户提供最适宜的自动化服务水平，确保行政管理和成本控制精确无误。

6. 浪潮云海

浪潮云海云管理平台 InCloud Manager 是云数据中心操作系统，基于 OpenStack 架构，面向私有云和混合云市场，提供开放、安全的企业级云数据中心运维管理。InCloud Manager 借由自服务的管理 Portal，提供跨基础架构一致性的功能和体验，帮助企业加速云的应用，实现业务的动态变更，资源的智能管理和服务的自动化交付。

1.3.2 开源云管理平台

开源云管理平台正在云计算方面发挥着越来越重要的作用，甚至在云计算产业中占据主导地位。OpenStack 直接带动了开源云平台的市场，在一定程度上对 AWS 和 VMware 垄断的 IaaS 和虚拟化层造成了冲击。

1. OpenStack 开源云管理平台

开源的平台意味着不会被某个特定的厂商绑定和限制，而且模块化的设计能把遗留的云计算资源和第三方的技术进行集成，从而来满足自身业务需要。OpenStack 项目所提供的云计算，让 IT 团队可以成为自己的云计算服务厂商，虽然构建和维护一个开源私有云计算并不适合每一家公司；但是如果拥有基础设施和开发人员，OpenStack 将是很好的选择。

近年来，OpenStack 已发展成为最成熟的开源云计算项目，大批的中国 OpenStack 开发者在社区中日益活跃。同时越来越多的行业用户也开始在生产环境中实践 OpenStack 技术，随着金融、电信、电力、制造、互联网、教育、零售、媒体等行业的众多成功案例不断涌现，中国已经发展成为全球第二大 OpenStack 市场。

2. Abiquo 公司开源云管理平台

Abiquo 公司推出的一款开源的云管理平台——AbiCloud，使公司或企业能够以快速、简单和可扩展的方式创建和管理大型、复杂的 IT 基础设施（包括虚拟服务器、网络、应用、存储设备等）。AbiCloud 较之同类其他产品的一个主要区别在于其强大的 Web 界面管理。可以通过拖动一个虚拟机来部署一个新的服务，并且允许通过 VirtualBox 部署实例，它还支持 Vmware、KVM 和 Xen。

3. Eucalyptus 开源云管理平台

Eucalyptus（Elastic Utility Computing Architecture for Linking Your Programs To Useful Systems）是由 Santa Barbara 大学建立的开源项目，主要实现云计算环境的弹性需求的软件。它通过其在集群或者服务器组上的部署，并且使用常见的 Linux 工具和基本的基于 Web 的服务。当前支持的商业服务只是 Amazon 的 EC2，今后会增加多种客户端接口。该系统使用和维护十分方便，使用 SOAP（简单对象访问协议）安全的内部通信，且把可伸缩性作为主要的设计目标，具有简单易用，扩展方便的特点。这个软件层的工具可以用来通过配置服务器集群实现私有云，并且其接口与公有云相兼容，可以满足私有云与公有云混合构建扩展的云计算环境。

4. MongoDB 开源高性能管理平台

MongoDB 是由一系列物理文件（数据文件、日志文件等）的集合和与之对应的逻辑结构（集合、文档等）构成的数据库。

MongoDB 的逻辑结构实际是一种层次结构，由文档（Document）、集合（Collection）、数据库（Database）3 部分组成。

一个 MongoDB 实例支持多个数据库。在 MongoDB 内部，每个数据库都包含一个 .ns 文件和一些数据文件，采用预分配空间的机制，始终保持额外的空间和空余的数据文件，从而有效避免了由于数据暴增带来的磁盘压力过大问题。每个预分配的文件都用 0 进行填充，数据文件每新分配一次，它的大小都会是上一个数据文件大小的 2 倍，每个数据文件最大为 2GB。

MongoDB 的主要特点如下：

① 使用 JSON 风格语法，易于掌握和理解。MongoDB 使用 JSON 的变种 BSON 作为内部存储的格式和语法。

② 模式自由，支持嵌入子文档和数组，无须事先创建数据结构，属于逆规范化的数据模型，有利于提高查询速度。

③ 动态查询，支持丰富的查询表达式，使用 JSON 形式的标记，可轻易查询文档中内嵌的对象和数组及子文档。

④ 完整的索引支持，包括文档内嵌对象和数据，同时还提供了全文索引方式，MongoDB 的查询优化器会分析查询表达式，并生成一个高效的查询计划。

⑤ 使用高效的二进制数据存储，适合存储大型对象（如高清图片、视频等）。

⑥ 支持多种复制模式，提供冗余及自动故障转移。支持 Master-Slave、Replica Pairs/Replica Sets、有限 Master-Master 模式。

⑦ 支持服务端脚本和 Map/Reduce，可以实现海量数据计算，即实现云计算功能。

⑧ 性能高、速度快。在多数场合，其查询速度对于 MySQL 要快得多，对 CPU 占用非常少。部署很简单，几乎是零配置。

⑨ 自动处理碎片，支持自动分片功能实现水平扩展的数据库集群，可以动态添加或移除节点。

⑩ 内置 GridFS，支持海量存储。

⑪ 可通过网络访问，采用高效的 MongoDB 网络协议，在性能方面要优于 Http 或 Rest 协议。

⑫ 第三方支持丰富，MongoDB 社区活跃，越来越多的公司和网站在生产环境中使用 MongoDB 进行技术架构优化，同时 MongoDB 公司官方提供强大的技术支持。

5. Enomalism 弹性云管理平台

Enomalism 是一个弹性计算平台，Enomaly's Elastic Computing Platform（ECP）是可编程的虚拟云架构，ECP 平台可以简化在云架构中发布应用的操作。云计算平台是一个 EC2 风格的 IaaS。Enomalism 是一个开放源代码项目，它提供了一个功能类似于 EC2 的云计算框架。Enomalism 基于 Linux，同时支持 Xen 和 Kernel Virtual Machine（KVM）。与其他纯 IaaS 解决方案不同的是，Enomalism 提供了一个基于 TurboGears Web 应用程序框架和 Python 的软件栈。

6. Nimbus 云管理平台

Nimbus 是网格中间件 Globus 旗下的开源云计算项目，Nimbus 面向科学计算需求，通过一组开源工具来实现基础设施即服务的云计算解决方案。

Nimbus 项目最初的名称为 Virtual Workspace Service（VWS），其中 Workspace Service 是整个平台的核心模块。在 Nimbus 平台中，包含的组件有 Workspace Service 节点管理器、基于 WSRF 的远程协议实现、基于 EC2 的远程协议实现、云计算客户端、Workspace Pilot 整合虚拟机等面向不同层面的应用组件，Nimbus 项目各个组件在设计上非常轻量化且具备自身完备性，可以通过多种异构方式进行组合，组件之间的连接关系如图 1-1 所示。

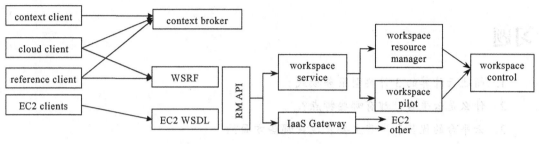

图 1-1　Nimbus 组件之间的连接关系

在 Nimbus 支持下，客户端通过部署虚拟计算机的方式租用远程资源。Nimbus 部署在服务节点上，运行环境仅需 Java 和 bash，在管理节点上，还需要具备 Python（2.3+）、以太网连接层桥接工具 ebtables、DHCPd 以及 Xen 虚拟化环境。

同样实现云计算基础平台的 OpenNebula 项目给出与 Nimbus 类似的开源数据中心实现，在物理资源上实现虚拟机环境，但与 OpenNebula 不同的是，Nimbus 以 WSRF 服务对外提供远程接口，同时具备安全控制机制。Nimbus 的接口可以在后端同 OpenNebula 虚拟机管理器相结合。

在 Nimbus 的线路图中，包含缓存管理、网络传输、本地资源管理、细粒度执行、安全机制等各个方面的设计目标，功能强大。

7. CloudStack 云管理平台

CloudStack 是一个开源的云管理平台，它可以帮助用户利用自己的硬件提供公共云服务。CloudStack 的前身是 Cloud com。2011 年 7 月，Citrix 收购 Cloud com，并将 CloudStack 全部开源。2012 年 4 月 5 日，Citrix 又宣布将其拥有的 CloudStack 开源软件交给 Apache 软件基金会管理。英特尔、阿尔卡特-朗讯、瞻博网络、博科等都已宣布支持 CloudStack。

CloudStack 可以通过组织和协调用户的虚拟化资源，构建一个和谐的环境。CloudStack 具有许多强大的功能，可以让用户构建一个安全的多租户云计算环境。CloudStack 兼容 Amazon API 接口。CloudStack 可以让用户快速和方便地在现有的架构上建立自己的云服务。CloudStack 可以帮助用户更好地协调服务器、存储、网络资源，从而构建一个 IaaS 平台。

小结

本章主要介绍了云平台的概念，读者需要从云计算的角度来理解云平台。本章还介绍了云平台的发展和特点，以及云平台的优势和劣势，云平台的 3 种类型。最后介绍了云管理平台的概念，并列举了一些常见的商用和开源云管理平台。

习题

1. 简述云计算的 3 种典型服务模式。

2. 什么是云平台，都有哪些特点？

3. 云平台的优势和劣势主要表现在哪些方面？

4. 简述云平台的类型。

5. 云管理平台是什么？请列举一些常见的商用和开源云管理平台。

第2章
云平台架构

2.1 云平台基本框架

在云计算走向成熟之前，我们更应该关注系统云计算架构的细节。基于对现有的一些云计算产品的分析，总结出了云计算架构，云平台的架构分层和架构层次之间的关系构成了云平台的基本框架。

2.1.1 云平台架构分层

云计算以虚拟化和高速网络互连技术为依托，实现了一个"计算机资源动态管理及服务系统"，通过虚拟化技术将各种差异化的计算机设备（不同型号的服务器、存储设备等）进行逻辑化。从所有的云平台类型按照技术实现大体上都可以归纳为四层结构：基础设施层、中间件层、显示层以及管理层，如图 2–1 所示。图中的每一层都有其各自的分工，正是这些明晰的层次共同构成了整个云平台紧密的系统。

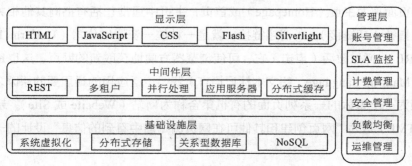

图 2-1 云平台架构

2.1.2　架构层次之间的关系

云架构层次主要分为服务和管理两大部分。

在服务方面，主要以提供用户基于云的各种服务为主，共包含 3 个层次：① SaaS 层的作用是将应用主要以基于 Web 的方式提供给客户；② PaaS 层的作用是将一个应用的开发和部署平台作为服务提供给用户；③ IaaS 层的作用是将各种底层的计算（如虚拟机）和存储等资源作为服务提供给用户。从用户角度而言，这 3 层服务之间的关系是独立的，因为它们提供的服务是完全不同的，而且面对的用户也不尽相同。但从技术角度而言，云服务这 3 层之间的关系并不是独立的，而是有一定依赖关系的，比如一个 SaaS 层的产品和服务不仅需要使用到 SaaS 层本身的技术，而且还依赖 PaaS 层所提供的开发和部署平台或者直接部署于 IaaS 层所提供的计算资源上，PaaS 层的产品和服务也很有可能构建于 IaaS 层服务之上。

在管理方面，主要以云的管理层为主，它的功能是确保整个云计算中心能够安全和稳定地运行，并且能够被有效管理。

2.2　显示层

显示层是将云资源提供出来供用户使用。云平台架构中需要将资源通过一个方便的界面呈现出来，而这就是显示层的作用。显示层大多是通过 Web 服务的形式呈现出来的，所以对客户端要求低，只需要浏览器即可访问。通过 Web 服务提供出来的服务均可通过 Web API 进行访问，这种 API 称为 RESTful API。多数数据中心云计算架构的显示层主要作用是以友好的方式展现用户所需的内容并使用中间件层提供的多种服务，主要有 5 种技术。

2.2.1　HTML 技术

WWW 上的一个超媒体文档称为页面（Page）。作为一个组织或者个人在万维网上放置开始点的页面称为主页（Homepage）或首页，主页中通常包括有指向其他相关页面或其他节点的指针（超链接）。所谓超链接，就是一种统一资源定位器（Uniform Resource Locator，URL），通过激活（点击）它，可使浏览器方便地获取新的网页，这也是 HTML（HyperText Mark-up Language，超文本标记语言）获得广泛应用的最重要的原因之一。在逻辑上将视为一个整体的一系列页面的有机集合称为网站（Website 或 Site）。超文本标记语言（HTML）是为"网页创建和其他可在网页浏览器中看到的信息"设计的一种标记语言。

网页的本质就是通过结合使用其他的 Web 技术（如脚本语言、公共网关接口、组件等），可以创造出功能强大的网页。HTML 是 Web 编程的基础，也就是说 WWW 是建立在超文本基础之上的。

HTML 是一种表示页面内容及样式的语言，它事实上是一个 Web 展示标准，被所有浏览器支持，可使页面移植到不同的系统和平台之上。HTML 文档的最大特点是整个文档要表达的内容均由尖括号标记进行结构化。每一对尖括号包围的部分在 HTML 中又称为元素。比如由"<body></body>"包围的部分称为 body 元素。元素中还可以嵌套其他元素。

HTML 是标准通用标记语言下的一个应用，也是一种规范，一种标准。它通过标记符号来标记要显示的网页中的各个部分。网页文件本身是一种文本文件，通过在文本文件中添加标记符，告诉浏览器如何显示其中的内容（如文字如何处理、画面如何安排、图片如何显示等）。浏览器按顺序阅读网页文件，然后根据标记符解释和显示其标记的内容，对书写出错的标记将不指出其错误，且不停止其解释执行过程，编制者只能通过显示效果来分析出错原因和出错部位。但需要注意的是，对于不同的浏览器，对同一标记符可能会有不完全相同的解释，因而可能会有不同的显示效果。

HTML 文档制作不是很复杂，但功能强大，支持不同数据格式的文件嵌入，这也是WWW 盛行的原因之一，其主要特点如下：

（1）简易性

HTML 版本升级采用超集方式，从而更加灵活方便。

（2）可扩展性

HTML 的广泛应用带来了加强功能，增加标识符等要求。HTML 采取子类元素的方式，为系统扩展带来保证。

（3）平台无关性

虽然个人计算机大行其道，但使用 MAC 等其他机器的大有人在，HTML 可以使用在广泛的平台上，这也是 WWW 盛行的另一个原因。

HTML 其实是文本，需要浏览器的解释，它的编辑器大体可分为 3 种：

① 基本文本、文档编辑软件，使用微软自带的记事本或写字板都可以编写，也可以使用 WPS 编写，不过存盘时需要使用.htm 或.html 作为扩展名，以方便浏览器直接解释执行。

② 半所见即所得软件，如 FCK-Editer、E-webediter 等在线网页编辑器。

③ 见即所得软件，使用最广泛的编辑器，即使不懂 HTML 的知识也可制作网页，如Amaya、FrontPage、Dreamweaver。

所见即所得软件与半所见即所得的软件相比，开发速度更快，效率更高，且直观表现更强。任何地方进行修改后只需要刷新即可显示。缺点是生成的代码结构复杂，不利于大型网站的多人协作和精准定位等高级功能的实现。

一个网页对应多个 HTML 文件，HTML 文件以.htm 为扩展名或.html 为扩展名，可以使用任何能够生成 TXT 类型源文件的文本编辑器产生 HTML 文件，只需修改文件扩展名即可。标准 HTML 文件都具有一 HTML 个基本的整体结构，标记一般都是成对出现（部分标记除外，如
），即 HTML 文件的开头与结尾标志和 HTML 的头部与实体两大部分。

HTML 没有 1.0 版本是因为当时有很多不同的版本。有些人认为蒂姆·伯纳斯-李的版本应该算初版，这个版本没有 IMG 元素。当时称为 HTML+的后续版的开发工作于 1993 年开始，最初被设计成为"HTML 的一个超集"。第一个正式规范为了与当时的各种 HTML 标准区分开来，使用了 2.0 作为其版本号。HTML+的发展继续下去，但是它从未成为标准。

HTML 3.0 规范是由当时刚成立的 W3C 于 1995 年 3 月提出的，提供了很多新的特性，如表格、文字绕排和复杂数学元素的显示。虽然它是被设计用来兼容 2.0 版本的，但是实现这个标准的工作在当时过于复杂，在草案于 1995 年 9 月作废时，标准开发也因为缺乏浏览器支持而中止。3.1 版从未被正式提出，而下一个被提出的版本是开发代号为 Wilbur 的 HTML 3.2，去掉了大部分 3.0 中的新特性，但是加入了很多特定浏览器，例如 Netscape 和 Mosaic 的元素和属性。HTML 对数学公式的支持最后成为另外一个标准 MathML。

HTML 4.0 同样也加入了很多特定浏览器的元素和属性，但是同时也开始"清理"这个标准，把一些元素和属性标记为过时，建议不再使用它们。

HTML 5 草案的前身名为 Web Applications 1.0。于 2004 年被 WHATWG 提出，于 2007 年被 W3C 接纳，并成立了新的 HTML 工作团队。在 2008 年 1 月 22 日，第一份正式草案发布。

2.2.2 JavaScript 技术

JavaScript 是一种动态类型、弱类型、基于原型的语言，内置支持类型。它的解释器称为 JavaScript 引擎，为浏览器的一部分，广泛用于客户端的脚本语言，最早是在 HTML 网页上使用，用来给 HTML 网页增加动态功能。

它最初由 Netscape 的 Brendan Eich 设计。JavaScript 是 Oracle（甲骨文）公司的注册商标。Ecma 国际以 JavaScript 为基础制定了 ECMAScript 标准。JavaScript 也可以用于其他场合，如服务器端编程。完整的 JavaScript 实现包含 3 个部分：ECMAScript、文档对象模型、浏览器对象模型。

Netscape 最初将其脚本语言命名为 LiveScript，后来 Netscape 在与 Sun 合作之后将其改名为 JavaScript。JavaScript 最初受 Java 启发而开始设计的，目的之一是"看上去像 Java"，因此语法上有类似之处，一些名称和命名规范也借自 Java。但 JavaScript 的主要设计原则源自 Self 和 Scheme。JavaScript 与 Java 名称上的近似，是当时 Netscape 为了营销考虑与 Sun 微系统达成协议的结果。为了取得技术优势，Microsoft 推出了 JScript 来迎战 JavaScript

的脚本语言。为了互用性，Ecma 国际创建了 ECMA-262 标准（ECMAScript）。两者都属于 ECMAScript 的实现。尽管 JavaScript 作为给非程序人员的脚本语言，而不是作为给程序人员的脚本语言来推广和宣传，但是 JavaScript 具有非常丰富的特性。

发展初期，JavaScript 的标准并未确定，同期有 Netscape 的 JavaScript，微软的 JScript 和 CEnvi 的 ScriptEase 三足鼎立。1997 年，在 Ecma 的协调下，由 Netscape、Sun、微软、Borland 组成的工作组确定统一标准：ECMA-262。

1. JavaScript 脚本语言的特点

（1）脚本语言

JavaScript 是一种解释型的脚本语言，C、C++等语言先编译后执行，而 JavaScript 是在程序的运行过程中逐行进行解释。

（2）基于对象

JavaScript 是一种基于对象的脚本语言，它不仅可以创建对象，也能使用现有的对象。

（3）简单

JavaScript 语言中采用的是弱类型的变量类型，对使用的数据类型未做出严格的要求，是基于 Java 基本语句和控制的脚本语言，其设计简单紧凑。

（4）动态性

JavaScript 是一种采用事件驱动的脚本语言，它不需要经过 Web 服务器就可以对用户的输入做出响应。在访问一个网页时，鼠标在网页中进行点击或上下移动等操作，JavaScript 都可直接对这些事件给出相应的响应。

（5）跨平台性

JavaScript 脚本语言不依赖于操作系统，仅需要浏览器的支持。因此一个 JavaScript 脚本在编写后可以带到任意机器上使用，前提是机器上的浏览器支持 JavaScript 脚本语言，JavaScript 已被大多数的浏览器所支持。

不同于服务器端的脚本语言，如 PHP 与 ASP，JavaScript 主要作为客户端脚本语言在用户的浏览器上运行，不需要服务器的支持。所以在早期程序员比较青睐于 JavaScript 以减少对服务器的负担，而与此同时也带来另一个问题：安全性。

随着服务器的逐步强壮，虽然程序员更喜欢运行于服务端的脚本以保证安全，但 JavaScript 仍然以其跨平台、容易上手等优势大行其道。同时，有些特殊功能（如 Ajax）必须依赖 JavaScript 在客户端进行支持。随着引擎（如 V8）和框架（如 Node.js）的发展，及其事件驱动及异步 IO 等特性，JavaScript 逐渐被用来编写服务器端程序。

2. JavaScript 的主要功能

（1）动态的文件内容

JavaScript 可以直接输出 HTML 标签，并使用程序变量更改输出内容，建立动态文件的内容或图片。

（2）更改 HTML 标签的样式和属性

对于 HTML 标签的属性和 CSS 样式，JavaScript 可以获得属性和样式值，并动态地更改其内容。

（3）窗体验证和发送

JavaScript 能够编写程序代码，在 HTML 窗体数据送到服务器前，验证用户输入的数据是否合理，建立客户端窗体字段的验证规则。

（4）处理网页或 HTML 标签的事件

JavaScript 能够建立 HTML 网页或各标签的事件处理程序。例如，当 HTML 文件加载完成的，按下按钮字段或超链接等 HTML 标签的事件。

（5）Web 应用程序

JavaScript 为客户端的 Script 语言，在 Client/Server 应用程序中用来建立 Client 客户端的应用程序，搭配服务器 ASP、ASP.NET 或其他技术的应用程序建立完整的电子商务应用程序。

2.2.3　CSS 技术

层叠样式表（Cascading Style Sheets，CSS）是一种用来表现 HTML 或 XML 等文件样式的计算机语言。CSS 不仅可以静态地修饰网页，还可以配合各种脚本语言动态地对网页各元素进行格式化。

CSS 能够对网页中元素位置的排版进行像素级精确控制，支持几乎所有的字体字号样式，拥有对网页对象和模型样式编辑的能力。主要用于控制 Web 页面的外观，而且能使页面的内容与其表现形式之间进行优雅地分离。

CSS 为 HTML 提供了一种样式描述，定义了其中元素的显示方式。CSS 在 Web 设计领域是一个突破。利用它可以实现修改一个小的样式更新与之相关的所有页面元素。总体来说，CSS 具有以下特点：

（1）丰富的样式定义

CSS 提供了丰富的文档样式外观，以及设置文本和背景属性的能力；允许为任何元素创建边框，以及元素边框与其他元素间的距离；允许随意改变文本的大小写方式、修饰方式以及其他页面效果。

（2）易于使用和修改

CSS 可以将样式定义在 HTML 元素的 style 属性中，也可以将其定义在 HTML 文档的 header 部分，也可以将样式声明在一个专门的 CSS 文件中，以供 HTML 页面引用。总之，CSS 样式表可以将所有的样式声明统一存放，进行统一管理。

另外，可以将相同样式的元素进行归类，使用同一个样式进行定义，也可以将某个样式应用到所有同名的 HTML 标签中，也可以将一个 CSS 样式指定到某个页面元素中。如果要修改样式，只需要在样式列表中找到相应的样式声明进行修改。

（3）多页面应用

CSS 样式表可以单独存放在一个 CSS 文件中，这样就可以在多个页面中使用同一个 CSS 样式表。CSS 样式表理论上不属于任何页面文件，在任何页面文件中都可以将其引用，这样就可以实现多个页面风格的统一。

（4）层叠

简单地说，层叠就是对一个元素多次设置同一个样式，这将使用最后一次设置的属性值。例如，对一个站点中的多个页面使用了同一套 CSS 样式表，而某些页面中的某些元素想使用其他样式，就可以针对这些样式单独定义一个样式表应用到页面中。这些后来定义的样式将对前面的样式设置进行重写，在浏览器中看到的将是最后面设置的样式效果。

（5）页面压缩

在使用 HTML 定义页面效果的网站中，往往需要大量或重复的表格和 font 元素形成各种规格的文字样式，这样做的后果就是会产生大量的 HTML 标签，从而使页面文件的大小增加。而将样式的声明单独放到 CSS 样式表中，可以大大减小页面的体积，这样在加载页面时使用的时间也会大大减少。另外，CSS 样式表的复用更大程度地缩减了页面的体积，减少下载的时间。

CSS 是一种定义样式结构（如字体、颜色、位置等）的语言，被用于描述网页上的信息格式化和现实的方式。CSS 样式可以直接存储于 HTML 网页或者单独的样式单文件。无论哪一种方式，样式单包含将样式应用到指定类型的元素的规则。外部使用时，样式单规则被放置在一个带有后缀_css 的外部样式单文档中。样式规则是可应用于网页中元素（如文本段落或链接）的格式化指令。样式规则由一个或多个样式属性及其值组成。内部样式单直接放在网页中，外部样式单保存在独立的文档中，网页通过一个特殊标签链接外部样式单。名称 CSS 中的"层叠（cascading）"表示样式单规则应用于 HTML 文档元素的方式。具体地说，CSS 样式单中的样式形成一个层次结构（更具体的样式覆盖通用样式）。样式规则的优先级由 CSS 根据这个层次结构决定，从而实现级联效果。

2.2.4 Flash 技术

Flash 是由 Macromedia 公司（2005 年被 Adobe 公司收购）推出的交互式矢量图和 Web 动画的标准。Flash 是一种用于互联网的动画编程语言。它采用了网络流式媒体技术，突破了网络带宽的限制，可以在网络上更快速地播放动画；实现动画交互，发挥个人的创造性和想象力；提供更为精美的网页界面。网页设计者使用 Flash 创作出既漂亮又可改变尺寸的导航界面以及其他奇特的效果。Flash 的前身是 Future Wave 公司的 Future Splash，是世界上第一个商用的二维矢量动画软件，用于设计和编辑 Flash 文档。1996 年 11 月，Macromedia 公司收购了 Future Wave，并将其改名为 Flash。后又被 Adobe 公司收购。Flash 通常也指 Macromedia Flash Player（现 Adobe Flash Player）。2012 年 8 月 15 日，Flash 退出 Android 平台，正式告别移动端。

以前，虽然也有多种多媒体格式，但是，按照这些制作出来的媒体文件都是很庞大的，动辄以十兆、百兆计，让这样大的文件在有限的带宽资源中传输，仿佛让骆驼穿过针眼。Flash 解决了这个问题！它采用了 Shockwave 技术，按照"流"方式传输音频和视频文件，可以边下载边播放，用户无须等待；同时，Flash 使用矢量技术制作和生成动画，使文件大大"减小"，其他格式的两分钟媒体文件可能需要几十兆字节，而 Flash 只需要几十千字节即可！

Flash 的交互性是它的又一大特色。在 Flash 中可以通过加入按钮来控制页面的跳转和链接，按钮还可以发声，丰富网页上的表现手段。Flash 的易用性也许是让更多的人喜欢它的真正原因。只要使用过 Windows 的画笔，就会使用 Flash 绘图，因为 Flash 的绘图工具和 Windows 画笔中的绘图工具非常相似，但是功能更强大。Flash 中的动作很容易理解，即使是初学者，通过一段时间的学习之后也可以创作出精彩的动画演示和交互游戏。

Flash 是一种动画创作与应用程序开发于一身的创作软件，为创建数字动画、交互式 Web 站点，桌面应用程序以及手机应用程序开发提供了功能全面的创作和编辑环境。Flash 广泛用于创建吸引人的应用程序，它们包含丰富的视频、声音、图形和动画。可以在 Flash 中创建原始内容或者从其他 Adobe 应用程序（如 Photoshop 或 Illustrator）导入它们，快速设计简单的动画，以及使用 Adobe AcitonScript 3.0 开发高级的交互式项目。设计人员和开发人员可使用它创建演示文稿、应用程序和其他允许用户交互的内容。Flash 可以包含简单的动画、视频内容、复杂演示文稿和应用程序以及介于它们之间的任何内容。通常，使用 Flash 创作的各个内容单元称为应用程序，即使它们可能只是很简单的动画。也可以通过添加图片、声音、视频和特殊效果，构建包含丰富媒体的 Flash 应用程序。

Flash 出现的历史背景和前提条件：由于 HTML 的功能十分有限，无法达到人们的预期设计，以实现令人耳目一新的动态效果，在这种情况下，各种脚本语言应运而生，使得网页设计更加多样化。然而，程序设计总是不能很好地普及，因为它要求一定的编程能力，而人们更需要一种既简单直观又功能强大的动画设计工具，Flash 的出现正好满足了这种需求。

Flash Player 能够播放多媒体动画，以及交互式动画、飞行标志和用 Flash 做出的图像。Flash 也支持高品质的 MP3 音频流、文字输入字段、交互式接口等。Flash Player 几乎是网络上的标准，为此播放器制作的动画或图像十分常见。

Flash 的前身是 FutureSplash Animator，最初它仅作为交互制作软件 Director 和

Authorware 的一个小型插件，后来才由 Macromedia 公司出品成单独的软件。曾与 Dreamweaver（网页制作软件）和 Fireworks（图像处理软件）并称为"网页三剑客"。随着互联网的发展，在 Flash 4 版本之后嵌入了 ActionScript 函数调用功能，使互联网在交互应用上更加便捷。该公司及旗下软件于 2007 年被 Adobe 公司收购并进行后续开发。

Adobe Flash 仅是 Adobe Flash Platform 开发平台中的一个产品。除了 Flash 之外，Adobe 还提供了 Flash Catalyst 和 Flash Builder。Flash Catalyst 是一个设计工具，它无须编写代码即可快速创建富有表现力的界面和交互式内容。Flash Builder（以前称为 Flex Builder）是适合于开发人员（而不是动画师或设计师）创建交互式内容的以代码为中心的环境。尽管开发平台不同，但这 3 种工具最终都将生成相同的结果——Flash 内容（SWF 文件）。SWF 文件在浏览器的 Flash 播放器中、或桌面上的 AIR（Adobe Integrated Runtimem，Adobe 集成运行环境）中或者在移动电话上运行。

Flash 特别适用于创建通过 Internet 提供的内容，因为它的文件非常小。Flash 是通过广泛使用矢量图形做到这一点的。与位图图形相比，矢量图形需要的内存和存储空间小很多，因为它们是以数学公式而不是大型数据集来表示的。位图图形之所以更大，是因为图像中的每个像素都需要一组单独的数据来表示。要在 Flash 中构建应用程序，可以使用 Flash 绘图工具创建图形，并将其他媒体元素导入 Flash 文档。Flash 动画说到底就是"遮罩+补间动画+逐帧动画"与元件（主要是影片剪辑）的混合物，通过这些元素的不同组合，从而可以创建千变万化的效果。

Flash 是一个非常优秀的矢量动画制作软件，它以流式控制技术和矢量技术为核心，制作的动画具有短小精悍的特点，所以被广泛应用于网页动画的设计中，已成为当前网页动画设计最为流行的软件之一。在 Flash 中创作内容时，需要在 Flash 文档文件中工作。Flash 文档的文件扩展名为.fla（FLA）。Flash 文档有 4 个主要部分：

（1）舞台

舞台是在回放过程中显示图形、视频、按钮等内容的位置。在 Flash 基础中将对舞台做详细介绍。

（2）时间轴

时间轴用来通知 Flash 显示图形和其他项目元素的时间，也可以使用时间轴指定舞台上各图形的分层顺序。位于较高图层中的图形显示在较低图层中图形的上方。

（3）库面板

库面板是 Flash 显示 Flash 文档中的媒体元素列表的位置。

（4）ActionScript

ActionScript 代码可用来向文档中的媒体元素添加交互式内容。例如，可以添加代码以便用户在单击某按钮时显示一幅新图像，还可以使用 ActionScript 向应用程序添加逻辑。逻辑使应用程序能够根据用户的操作和其他情况采取不同的工作方式。Flash 包括两个版本的 ActionScript，可满足创作者的不同需要。

Flash 包含了许多种功能，如预置的拖放用户界面组件，可以轻松地将 ActionScript 添加到文档的内置行为，以及可以添加到媒体对象的特殊效果。这些功能使 Flash 不仅功能强大，而且易于使用。完成 Flash 文档的创作后，可以选择"文件"→"发布"命令发布它。这会创建文件的一个压缩版本，其扩展名为.swf（SWF）。然后，就可以使用 FlashPlayer 在 Web 浏览器中播放 SWF 文件，或者将其作为独立的应用程序进行播放。

Flash 影片的扩展名为.swf，该类型文件必须有 Flash 播放器才能打开（包括各大浏览器、视频播放器），且播放器的版本须不低于 Flash 程序自带播放器的版本。但占用硬盘空间少，所以被广泛应用于游戏、网络视频、网站广告、交互设计等。

swf 是一个完整的影片档，无法被编辑。swf 在发布时可以选择保护功能，如果没有选择，很容易被别人输入到他的原始档中使用。fla 是 Flash 的原始文件，只能用对应版本或更高版本的 Flash 打开编辑。ActionScript 是一种程序语言的简单文本文件。FLA 文件能够直接包含 ActionScript，但是也可以把它存成 AS 文件作为外部连接文件（如定义 ActionScript 类则必须先写在 AS 文件中，再通过 import 加入类），以方便共同工作和更进阶的程序修改。

2.2.5　Silverlight 技术

Microsoft Silverlight 是微软所发展的 Web 前端应用程序开发解决方案，是微软丰富型互联网应用程序（Rich Internet Application）策略的主要应用程序开发平台之一，以浏览器的外挂组件方式，提供 Web 应用程序中多媒体（含影音流与音效流）与高度交互性前端应用程序的解决方案，同时它也是微软 UX（用户经验）策略中的一环，也是微软试图将美术设计和程序开发人员的工作明确切分与协同合作发展应用程序的尝试之一。Silverlight 是微软公司一种致力于帮助开发者创建丰富的 Web 交互应用程序从而使用户得到良好体验效果的技术。Silverlight 作为一个有效的插件程序，使它支持当下的大多数主流浏览器。它被用来开发下一代媒体应用和 Web 应用。

对于互联网用户来说，Silverlight 是一个安装简单的插件程序。用户只要安装了这个插件程序，就可以在 Windows 和 Macintosh 上多种浏览器中运行相应版本的 Silverlight 应用程序，享受视频分享、在线游戏、广告动画、交互丰富的网络服务等。对于开发设计人员而言，Silverlight 是一种融合了微软多种技术的 Web 呈现技术。它提供了一套开发框架，并通过使用基于向量的图像图层技术，支持任何尺寸图像的无缝整合，对基于 ASP.NET、Ajax 在内的 Web 开发环境实现了无缝连接。Silverlight 使开发设计人员能够更好地协作，有效地创造出能在 Windows 和 Macintosh 上多种浏览器中运行的内容丰富、界面绚丽的 Web 应用程序——Silverlight 应用程序。简而言之，Silverlight 是一个跨浏览器、跨平台的插件，为网络带来下一代基于.NET 媒体体验和丰富的交互式应用程序。对运行在 Macintosh 和 Windows 上的主流浏览器，Silverlight 提供了统一而丰富的用户体验。通过 Silverlight 这个小小的浏览器插件，视频、交互性内容，以及其他应用能完好地融合在一起。

Silverlight 是一个跨浏览器、跨平台（Mac OS、Windows 和 Linux）和跨设备的浏览器插件，它可以在 Web 上帮助企业设计、开发和提供媒体支持的应用程序和用户体验。Silverlight 2 提供了一个新的跨平台的用户体验，并且安装一个独立的浏览器插件。Silverlight 插件支持业界领先的 Windows Media 格式和解码器，像 MP3 音频和从 HD 到 Mobile 的 SMPTE 标准的 VC-1/WMV9 视频压缩标准，在将来 Silverlight 也会支持拥有 H264/MPEG AVC 视频和 AAC 音频解码器的 MP4 标准播放器。

2.3 中间件层

中间件层架构对应的是多层客户机-服务器计算范式，这种架构是对客户机-服务器架构的一种改进，其目的是简化和提升伸缩能力。所采用的方法是将业务逻辑集中起来放在一个中间服务器上，数据服务放在另一个服务器上，客户机与中间服务器连接，中间件层与数据服务层连接，客户机对数据的访问由中间件层代理完成。中间件层是承上启下的，它在基础设施层所提供资源的基础上提供了多种服务，如缓存服务和 REST 服务等，而且这些服务既可用于支撑显示层，也可以直接让用户调用。

2.3.1 REST 技术

REST 架构风格是全新的针对 Web 应用的开发风格，是当今世界最成功的互联网超媒体分布式系统架构，它使得人们真正理解了 HTTP 协议的本来面貌。随着 REST 架构成为主流技术，一种全新的互联网网络应用开发的思维方式开始流行。

REST（Representational State Transfer，表述性状态转移）是由 Roy Thomas Fielding 博士在他的论文 *Architectural Styles and the Design of Network-based Software Architectures* 中提出的一个术语。REST 本身只是为分布式超媒体系统设计的一种架构风格，而不是标准。

基于 Web 的架构，实际上就是各种规范的集合，这些规范共同组成了 Web 架构，如 HTTP 协议、客户端服务器模式。在原有规范的基础上增加新的规范，就会形成新的架构。而 REST 正是这样一种架构，他结合了一系列的规范，它形成了一种新的基于 Web 的架构风格。

传统的 Web 应用大都是 B/S 架构，它的规范包括客户机 – 服务器、无状态性、缓存等。

1. Web 应用下的规范

（1）客户机 – 服务器

客户机-服务器规范的提出，改善了用户接口跨多个平台的可移植性，并且通过简化服务器组件，改善了系统的可伸缩性。最为关键的是通过分离用户接口和数据存储这两个关注点，使得不同用户终端享受相同数据成为可能。

（2）无状态性

无状态性是在客户机 – 服务器约束的基础上添加的又一层规范。它要求通信必须在本质上是无状态的，即从客户机到服务器的每个 request 都必须包含理解该 request 所必需的所有信息。这个规范改善了系统的可见性（无状态性使得客户机端和服务器端不必保存对方的详细信息，服务器只需要处理当前 request，而不必了解所有的 request 历史）、可靠性（无状态性减少了服务器从局部错误中恢复的任务量）和可伸缩性（无状态性使得服务器端可以很容易地释放资源，因为服务器端不必在多个 request 中保存状态）。同时，这种规范的缺点也是显而易见得，由于不能将状态数据保存在服务器上的共享上下文中，因此增加了在一系列 request 中发送重复数据的开销，严重降低了效率。

（3）缓存

为了改善无状态性带来的网络低效性，Web 技术添加了缓存约束。缓存约束允许隐式或显式地标记一个 response 中的数据，这样就赋予了客户机端缓存 response 数据的功能。但是由于客户机端缓存了信息，也就同时增加了客户机与服务器数据不一致的可能，从而降低了可靠性。

2. REST 规范

B/S 架构的优点是其部署非常方便，但在用户体验方面却不是很理想。为了改善这种情况，引入了 REST。REST 在原有的架构上增加了 3 个新规范：统一接口、分层系统和按需代码。

（1）统一接口

REST 架构风格的核心特征就是强调组件之间有一个统一的接口，这表现在 REST 世界中，网络上所有的事物都被抽象为资源，而 REST 就是通过通用的连接器接口对资源进行操作。这样设计的好处是保证系统提供的服务都是解耦的，极大地简化了系统，从而改善了系统的交互性和可重用性。并且 REST 针对 Web 的常见情况做了优化，使得 REST 接口被设计为可以高效地转移大粒度的超媒体数据，这也导致 REST 接口对其他架构并不是最优的。

（2）分层系统

分层系统规则的加入提高了各种层次之间的独立性，为整个系统的复杂性设置了边界，通过封装遗留的服务，使新的服务器免受遗留客户端的影响，这也提高了系统的可伸缩性。

（3）按需代码

REST 允许对客户端功能进行扩展。比如，通过下载并执行 applet 或脚本形式的代码来扩展客户端功能，但这在改善系统可扩展性的同时，也降低了可见性。所以它只是 REST 的一个可选的约束。

REST 架构是针对 Web 应用而设计的，其目的是降低开发的复杂性，提高系统的可伸缩性。REST 提出了如下设计准则：

① 网络上的所有事物都被抽象为资源（resource）。

② 每个资源对应唯一的资源标识符（resource identifier）。

③ 通过通用的连接器接口（generic connector interface）对资源进行操作。

④ 对资源的各种操作不会改变资源标识符。

⑤ 所有的操作都是无状态的（stateless）。

REST 中的资源所指的不是数据，而是数据和表现形式的组合，比如"最新访问的 10 位会员"和"最活跃的 10 位会员"在数据上可能有重叠或者完全相同，而由于它们的表现形式不同，所以被归为不同的资源。资源标识符就是 URI（Uniform Resource Identifier），不管是图片、Word 文档还是视频文件，甚至只是一种虚拟的服务，也无论是 xml 格式、txt 文件格式还是其他文件格式，全部通过 URI 对资源进行唯一标识。

REST 是基于 HTTP 协议的，任何对资源的操作行为都是通过 HTTP 协议实现。以往的 Web 开发大多数用的都是 HTTP 协议中的 GET 和 POST 方法，对其他方法很少使用，这实际上是因为对 HTTP 协议片面的理解造成的。HTTP 不仅是一个传输数据的协议，它还是一个具有丰富内涵的网络软件协议。它不仅仅能对互联网资源进行唯一定位，而且还能告诉用户如何对该资源进行操作。HTTP 把对一个资源的操作限制在 4 个方法以内：GET、POST、PUT 和 DELETE，这正是对资源 CRUD[Create（增加）、Read（读取查询）、Update（更新）、Delete（删除）]操作的实现。由于资源和 URI 是一一对应的，执行这些操作时 URI 没有变化，这和以往的 Web 开发有很大的区别。正由于这一点，极大地简化了 Web 开发，也使得 URI 可以被设计成更为直观的反映资源的结构，这种 URI 设计称为 RESTful 的 URI。这为开发人员引入了一种新的思维方式：通过 URI 来设计系统结构。当然了，这种设计方式对一些特定情况也是不适用的，也就是说不是所有的 URI 都可以 RESTful 的。

REST 之所以可以提高系统的可伸缩性，是因为它要求所有的操作都是无状态的。由于没有了上下文（Context）的约束，做分布式和集群时就更为简单，也可以让系统更为有效地利用缓冲池（Pool）。并且由于服务器端不需要记录客户机端的一系列访问，也减少了服务器端的性能。

REST 不仅是一种崭新的架构，它带来的更是一种全新的 Web 开发过程中的思维方式：通过 URI 来设计系统结构。在 REST 中，所有的 URI 都对应着资源，只要 URI 的设计是良好的,那么其呈现的系统结构也就是良好的。这点和 TDD(Test Driven Development) 相似,它是通过测试用例来设计系统的接口,每个测试用例都表示一系列用户的需求。开发人员不需要一开始就编写功能,而只需要把需要实现的功能通过测试用例的形式表现出来即可。这个和 REST 中通过 URI 设计系统结构的方式类似,只需要根据需求设计出合理地 URI,这些 URI 不一定非要链接到指定的页面或者完成一些行为,只要它们能够直观地表现出系统的用户接口。根据这些 URI,就可以方便地设计系统结构。从 REST 架构的概念上来看,所有能够被抽象成资源的东西都可以被指定为一个 URI,而开发人员所需要做的工作就是如何把用户需求抽象为资源,对资源抽象的越精确,对 REST 的应用来说就越好,这和传统 MVC 开发模式中基于 Action 的思想差别非常大。设计良好的 URI,不但对于开发人员来说可以更明确地认识系统结构,对使用者来说也方便记忆和识别资源,因为 URI 足够简单和有意义。按照以往的设计模式,很多 URI 后面都是一堆参数,对于使用者来说也是很不方便的。

既然 REST 这么好用,那么是不是所有的 Web 应用都能采取此种架构呢?答案是否定的。直到现在为止,MVC(Model View Controller)模式依然是 Web 开发最普遍的模式,绝大多数公司和开发人员都采取此种架构来开发 Web 应用,并且其思维方式也停留于此。MVC 模式由数据、视图和控制器构成,通过事件(Event)触发 Controller 来改变 Model 和 View。加上 Webwork、Struts 等开源框架的加入,MVC 开发模式已经相当成熟,其思想根本就是基于 Action 来驱动。从开发人员的角度来说,贸然接受一个新的架构会带来风险,其中的不确定因素太多。并且 REST 新的思维方式是把所有用户需求抽象为资源,这在实际开发中是比较难做到的,因为并不是所有的用户需求都能被抽象为资源,这也就是说不是整个系统的结构都能通过 REST 来表现。所以在开发中,需要根据以上两点在 REST 和 MVC 中做出选择。比较好的办法是混用 REST 和 MVC,因为这适合绝大多数 Web 应用开发,开发人员只需要对比较容易、能够抽象为资源的用户需求采取 REST 开发模式,而对其他需求采取 MVC 开发即可。这里需要提到的是 ROR(Ruby on Rails)框架,这是一个基于 Ruby 语言的 Web 开发框架,它极大地提高了 Web 开发的速度。更为重要的是,ROR(从 1.2 版本起)框架是第一个引入 REST 作为核心思想的 Web 开发框架,它提供了对 REST 最好的支持,也是当今最成功的应用 REST 的 Web 开发框架。实际上,ROR 的 REST 实现就是 REST 和 MVC 混用,开发人员采用 ROR 框架,可以更快更好地构建 Web 应用。

对开发人员来说,REST 不仅在 Web 开发上贡献了自己的力量,同时可以学到如何把软件工程原则系统地应用于对一个真实软件的设计和评估上。对于云计算中间层架构的设计,REST 无疑是最好、最通用的技术。

2.3.2　多租户技术

多租户（Multi-Tenancy）又称多重租赁，是一种软件架构技术，它是探讨与实现如何在多用户环境下共用相同的系统或程序组件，并且仍可确保各用户间数据的隔离性。云计算是个热点问题，在共用的数据中心内如何以单一系统架构与服务提供多数客户机端相同甚至可复制化的服务，并且仍然可以保障客户的数据隔离，让多租户技术成为云计算技术下的显学。在云计算、虚拟化技术的成熟与应用性的扩张之下，多租户技术可以驾驭虚拟化平台，更强化在用户应用程序与数据之间的隔离，让多租户技术能更好地发挥它的特色。

在多租户技术中，租户是指使用系统或电子计算机运算资源的客户，但在多租户技术中，租户包含在系统中可识别为指定用户的一切数据，如账户与统计信息、用户在系统中建置的各式数据，以及用户本身的自定义应用程序环境等，都属于租户的范围。而租户所使用的则是基于供应商所开发或建置的应用系统或运算资源等，供应商所设计的应用系统会容纳数个以上的用户在同一个环境下使用，为了让多个用户的环境能力在同一个应用程序与运算环境中使用，则应用程序与运算环境必须要特别设计，除了使系统平台允许同时让多份相同的应用程序运行外，保护租户数据的隐私与安全也是多租户技术的关键之一。

1. 多租户技术不同方式的切割

多租户技术的实现重点，在于不同租户间应用程序环境的隔离以及数据的隔离，以维持不同租户间应用程序不会相互干扰，同时数据的保密性也够强。多租户技术可以通过多种不同的方式来切割用户的应用程序环境或数据。

（1）数据面（Data Approach）

供应商可以利用切割数据库（Database）、切割存储区（Storage）、切割结构描述（Schema）或是表格（Table）来隔离租户的数据，必要时需要进行对称或非对称加密以保护敏感数据，但不同的隔离做法有不同的实现复杂度与风险。

（2）程序面（Application Approach）

供应商可以利用应用程序挂载（hosting）环境，于进程（process）上切割不同租户的应用程序运行环境，在无法跨越进程通信的情况下的情况下，保护各租户的应用程序运行环境，但供应商的运算环境要够强。

（3）系统面（System Approach）

供应商可以利用虚拟化技术，将实体运算单元切割成不同的虚拟机，各租户可以使用其中一至数台的虚拟机作为应用程序与数据的保存环境，但对供应商的运算能力要求更高。

2. 多租户技术的特点

① 由于多租户技术可以让多个租户共用一个应用程序或运算环境，且租户大多不会使用太多运算资源的情况下，对供应商来说多租户技术可以有效降低环境建置的成本。包含硬件本身的成本，操作系统与相关软件的授权成本都可以因为多租户技术而由多个租户

一起分担。

② 通过不同的数据管理手段，多租户技术的数据可以用不同的方式进行数据隔离，在供应商的架构设计下，数据的隔离方式也会不同，而良好的数据隔离法可以降低供应商的维护成本（包含设备与人力），而供应商可以在合理的授权范围内取用这些数据分析，以作为改善服务的依据。

③ 多租户架构下所有用户都共用相同的软件环境，因此在软件改版时只发布一次，就能在所有租户的环境上生效。

④ 具多租户架构的应用软件虽可自定义，但自定义难度较高，通常需要平台层的支持与工具的支持，才可降低自定义的复杂度。

3. 多租户技术模型

在现有的实现中，常见的多租户技术模型主要有 3 种，其区别主要在于采用不同的数据库模式（Database Schema）。

（1）私有表

私有表是最简单的扩展模式，就是为每个租户的自定义数据创建一个新表。其优点是简单；缺点是涉及高成本的 DDL 操作，并且它的整合度不高。

（2）扩展表

总体而言，扩展表类似于私有表，但是一个扩展表会被多个租户共享，所以无论是共享表还是基本表都会有租户栏位。但比私有表有更高的整合度和更少的 DDL 操作，在架构上比私有表更复杂。

（3）通用表

通用表用来存放所有自定义信息，里面有租户栏位和许多统一的数据栏位（如 500个）。这种统一的数据栏位会使用非常灵活的格式转储各种类型的数据，如 VARCHAR。由于在每一行中的数据栏位都会以一个 key/value 形式存放所有自定义数据，导致通用表的行都会很宽，而且会出现很多空值，所以通用表这种方式又称 Sparse Column。其优点是极高的整合度并避免了 DDL 操作，但在处理数据方面难度加大。

云计算对网络安全提出了更严格的要求。从云计算租户的角度来看，网络、设备、应用、数据都不在自己的控制之下，甚至都不知道具体的物理位置，如何保障数据安全和业务连续性显然就成了最大的挑战。

从云提供商的角度来看，传统模式下的网络安全需求并没有什么变化，无论从信息安全的保密性、完整性、可用性，还是根据网络层次划分的从物理层到应用层安全，仍然是需要解决的问题。传统模式下的网络安全解决方案中，最重要的一点就是建立网络边界，区分信任域和非信任域，然后在网络边界进行访问控制和安全防御。而云计算资源池与 Internet 之间仍然是有边界的，在资源池内部由于管理的需要，也会有不同域的划分，从而形成内部边界。这些策略对应用的改造取决于其代码安全成熟度和业务场景，由于普通 Web 应用大多运行于内网，开发者并没有把它放入公网的安全意识，大多数应用都需要修改。

4. 多租户技术的应用

考虑到租户规模以及业务数据会不断增加，需要面对性能和扩展性的问题，由于企业业务和多租户的特点，还可以从以下方面加强：

（1）数据库租户分区优化

需要采用支持分区的数据库版本，如 MySQL 从 5.1 才开始支持。共享数据库由于采用分区技术，也几乎相当于"独享"。

（2）关系数据库和 NoSQL 结合

NoSQL 数据库处理海量数据有天然优势，可以考虑把一些非关键、非事务的数据放入 NoSQL。

（3）使用租户感知的缓存

缓存的使用可以大大减少磁盘的读写，采用租户感知的缓存系统可以大大提高缓存的命中率，并增强了数据安全。

（4）无状态的系统设计

无状态系统设计是大规模运营的关键，即不依赖于本机的会话（Session）以及本地文件系统等。

另外，对于多租户的应用，不同租户的需求几乎都是有差异的，每个租户要求自定义自己的应用也很自然。如果这个多租户应用是静态编译的二进制文件，那么满足这些多租户的要求及其他个性化的挑战是几乎不可能的。除了一些功能单一的应用（如邮件服务），多租户的应用，应该在其功能、界面等方面，满足不同租户的合理要求。

普通 Web 应用大多数是静态编译的二进制文件，如果满足租户的个性化需求，必须修改应用程序。即使在程序中很小心地采用多态技术，但是随着租户的增加，子类的爆炸也会使其程序很难维护，另外原有程序的多态改造的成本也非常高。

解决租户个性化的根本途径是采用元数据驱动的方式改造程序架构。云计算 PaaS 应用平台可以作为改造的基础。可以根据不同租户定义的元数据生成相对应的应用程序，而不是采用经过编译的二进制的可执行文件。普通 Web 应用转化多租户应用，可以根据应用的不同有选择地采用不同的策略。如果转化进度紧迫，或者功能单一，可以不修改其程序架构。如果需要长期运行、功能复杂、租户有个性化要求，那么修改程序架构为元数据驱动是更好的选择。

综上所述，目前来说多租户技术是应用最广的云计算中间件层的服务技术，感兴趣的读者可自行了解相关知识。

2.3.3 并行处理技术

并行处理技术是几十年来在微电子、印制电路、高密度封装技术、高性能处理机、存储系统、外围设备、通信通道、语言开发、编译技术、操作系统、程序设计环境和应用问题等研究和工业发展的产物，并行计算机具有代表性的应用领域有天气预报建摸、VLSI电路的计算机辅助设计、大型数据库管理、人工智能、犯罪控制和国防战略研究等，而且它的应用范围还在不断扩大。并行处理技术主要是以算法为核心，并行语言为描述，软硬件作为实现工具的相互联系而又相互制约的一种结构技术。

并行性是指在同一时刻或同一时间间隔内完成两种或两种以上性质相同或不相同的工作，只要在时间上互相重叠，都存在并行性。计算机系统中的并行性可从不同的层次上实现，从低到高大致可分为：

① 指令内部的并行：是指指令执行中的各个微操作尽可能实现并行操作。

② 指令间的并行：是指两条或多条指令的执行是并行进行的。

③ 任务处理的并行：是指将程序分解成可以并行处理的多个处理任务，而使两个或多个任务并行处理。

④ 作业处理的并行：是指并行处理两个或多个作业，如多道程序设计、分时系统等。

另外，从数据处理上，也有从低到高的并行层次。

⑤ 字串位并：同时对一个二进制字的所有位进行操作。

⑥ 字并位串：同时对多个字的同一位进行操作。

⑦ 全并行：同时对许多字的所有位进行操作。

1. 并行处理技术的形式

并行处理技术有以下 3 种形式：

（1）时间并行

时间并行指时间重叠，在并行性概念中引入时间因素，让多个处理过程在时间上相互错开，轮流重叠地使用同一套硬件设备的各个部分，以加快硬件周转而赢得速度。

时间并行性概念的实现方式就是采用流水处理部件。这是一种非常经济而实用的并行技术，能保证计算机系统具有较高的性能价格比。目前的高性能微型机几乎无一例外地使用了流水技术。

（2）空间并行

空间并行指资源重复，在并行性概念中引入空间因素，以"数量取胜"为原则来大幅度提高计算机的处理速度。大规模和超大规模集成电路的迅速发展为空间并行技术带来了巨大生机，因而成为实现并行处理的一个主要途径。空间并行技术主要体现在多处理器系统和多计算机系统。但是在单处理器系统中也得到了广泛应用。

（3）时间并行+空间并行

时间并行+空间并行是指时间重叠和资源重复的综合应用，既采用时间并行性又采用空间并行性。显然，第3种并行技术带来的高速效益是最好的。

21世纪的计算机系统在不同层次上采取了并行措施，只有当并行性提高到一定层次时，具有了较高的并行处理能力，才能称为"并行处理系统"。

2．并行措施

一般有以下3种并行措施：

（1）时间重叠

时间重叠是在并行性概念中引入时间因素，即多个处理过程在时间上相互错开，轮流重叠地使用同一套硬件设备的各个部件，以加快硬件周转而赢得速度。这种并行措施表现在指令解释的重叠及流水线部件与流水线处理机。

（2）资源重复

资源重复是在并行性概念中引入空间因素。这种措施提高计算机处理速度最直接，但由于受硬件价格昂贵的限制而不能广泛使用。随着硬件价格的降低，已在多种计算机系统中使用，如多处理机系统、阵列式处理机等。

（3）资源共享

资源共享也是在并行性概念中引入时间因素，它是通过软件的方法实现的。即多个用户按一定的时间顺序轮流使用同一套硬件设备；既可以是按一定的时间顺序共享CPU，也可以是CPU与外围设备在工作时间上的重叠。这种并行措施表现在多道程序和分时系统中，而分布式处理系统和计算机网络则是更高层次的资源共享。

自第一台电子计算机发明以来，电子计算机已经经历了五代。计算机发展到第四代时，出现了用共享存储器、分布存储器或向量硬件选件的不同结构的并行计算机，开发了用于并行处理的多处理操作系统专用语言和编译器，同时产生了用于并行处理或分布计算的软件工具和环境。第五代计算机的主要特点是进行大规模并行处理。

并行计算机具有代表性的应用领域有天气预报建模、VLSI电路的计算机辅助设计、大型数据库管理、人工智能、犯罪控制和国防战略研究等，而且它的应用范围还在不断地扩大。并行处理技术是以算法为核心、并行语言为描述、软硬件作为实现工具的相互联系而又相互制约的一种结构技术。

下面就并行处理技术的算法策略、描述性定义及软硬件方面的实现做一个简单的介绍。

3．并行处理遵循的策略

在并行处理技术中所使用的算法主要遵循3种策略：

（1）分而治之法

分而治之法就是把多个任务分解到多个处理器或多个计算机中，然后再按照一定的拓扑结构进行求解。

（2）重新排序法

重新排序法分别采用静态或动态的指令调度方式。

（3）显式/隐式并行性结合

显式指的是并行语言通过编译形成并行程序，隐式指的是串行语言通过编译形成并行程序，显式/隐式并行性结合的关键在于并行编译，而并行编译涉及语句、程序段、进程以及各级程序的并行性。

4. 利用计算机语言进行并行性描述的方案

利用计算机语言进行并行性描述时主要有 3 种方案：

（1）语言扩展方案

语言扩展方案就是利用各种语言的库函数进行并行性功能的扩展。

（2）编译制导法

编译制导法称智能编译，它是隐式并行策略的体现，主要是由并行编译系统进行程序表示、控制流的分析、相关分析、优化分析和并行化划分，由相关分析得到方法库管理方案，由优化分析得到知识库管理方案，由并行化划分得到程序重构，从而形成并行程序。

（3）新的语言结构法

新的语言结构法是显式并行策略的体现。也就是建立一种全新的并行语言体系，而这种并行语言通过编译就能直接形成并行程序。

在并行软件方面，可分成并行系统软件和并行应用软件两大类，并行系统软件主要指并行编译系统和并行操作系统，并行应用软件主要指各种软件工具和应用软件包。在软件中所牵涉程序的并行性主要是指程序的相关性和网络互连两方面。

① 程序的相关性。程序的相关性主要分为数据相关、控制相关和资源相关三类。

数据相关：说明的是语句之间的有序关系，主要有流相关、反相关、输出相关、I／O相关和求知相关等，这种关系在程序运行前就可以通过分析程序确定下来。数据相关是一种偏序关系，程序中并不是每一对语句的成员都是相关联的。可以通过分析程序的数据相关，把程序中一些不存在相关性的指令并行地执行，以提高程序运行的速度。

控制相关：是语句执行次序在运行前不能确定的情况。它一般是由转移指令引起的，只有在程序执行到一定的语句时才能判断出语句的相关性。控制相关常使正在开发的并行性中止，为了开发更多的并行性，必须用编译技术克服控制相关。

资源相关：资源相关则与系统进行的工作无关，而与并行事件利用整数部件、浮点部件、寄存器和存储区等共享资源时发生的冲突有关。软件的并行性主要是由程序的控制相关和数据相关性决定的。在并行性开发时往往把程序划分成许多的程序段——颗粒。颗粒的规模又称粒度，它是衡量软件进程所含计算量的尺度，用细、中、粗来描述。划分的粒度越细，各子系统间的通信时延就越低，并行性就越高，但系统开销也越大。因此，在进行程序组合优化时应该选择适当的粒度，并且把通信时延尽可能放在程序段中进行，还可以通过软硬件适配和编译优化的手段提高程序的并行度。

②　网络互连。将计算机子系统互连在一起或构造多处理机或多计算机时可使用静态或动态拓扑结构的网络。

静态网络由点 – 点直接相连而成，这种连接方式在程序执行过程中不会改变，常用来实现集中式系统的子系统之间或分布式系统的多个计算节点之间的固定连接。

动态网络是用开关通道实现的，它可动态地改变结构，使之与用户程序中的通信要求匹配。动态网络包括总线、交叉开关和多级网络，常用于共享存储型多处理机中。

在网络上的消息传递主要通过寻径实现。常见的寻径方式有存储转发寻径和虫蚀寻径等。

在存储转发网络中以长度固定的包作为信息流的基本单位，每个节点有一个包缓冲区，包从源节点经过一系列中间节点到达目的节点。存储转发网络的时延与源和目的之间的距离（段数）成正比。而在新型计算机系统中采用虫蚀寻径，把包进一步分成一些固定长度的片，与节点相连的硬件寻径器中有片缓冲区。消息从源传送到目的节点要经过一系列寻径器。同一个包中所有的片以流水方式顺序传送，不同的包可交替地传送，但不同包的片不能交叉，以免被送到错误的目的地。

虫蚀寻径的时延几乎与源和目的之间的距离无关。在寻径中产生的死锁问题可以由虚拟通道来解决。虚拟通道是两个节点间的逻辑链，它由源节点的片缓冲区、节点间的物理通道以及接收节点的片缓冲区组成。物理通道由所有的虚拟通道分时地共享。虚拟通道虽然可以避免死锁，但可能会使每个请求可用的有效通道频宽降低。因此，在确定虚拟通道数目时，需要对网络吞吐量和通信时延折中考虑。

在时间处理方面，并行处理技术是解决需要长时间处理，特别是全 3D 模拟难题极为高效的方案。若拥有多台工作站，则可将它们当作一个处理机群来操作，然而，Linux 微机机群却拥有更高的性能价格比。并行处理技术可适用于 SunSolaris、SGIIrix 和 Linux 运行环境，但不支持微机 Windows 环境。并行处理技术使全 3D 模拟工作的可适用性得到极大程度的扩展。以往需要数天才能完成的处理任务，仅需几小时即可完成，如油气系统模拟，以前仅能作为研究工作，而现在则可作为油气勘探风险评价的常规流程之一。PetroMod 的并行处理（PP）许可证可按处理器的个数购买，折扣量与所购买的可并行处理的数目有关。并行处理的购置费和维护费都很低，但它们可灵活地应用于不同的工作中，因为不管如何应用，许可证只管用户可拥有的并行处理数：并行处理技术主要用于加速对大的全 3D 数据模型的处理能力。典型的处理器数为 8～12，并行处理的加速因子通常与处理器数接近，即 8 个处理器的加速能力近于原来的 8 倍，因为并行处理技术能够充分利用机群中的所有内存。并行处理技术还可用于对 2D 模型进行处理。并行处理技术对 PetroRisk 处理特别重要，因为每个风险运算过程都对应一个处理器，这意味着多个风险运算过程可在并行机中同时运行，并且风险模拟可有机地融入全 3D 处理工作中。

遵循不同的技术途径，采用不同的并行措施，在不同的层次上实现并行性的过程，反映了计算机体系结构向高性能发展的自然趋势。

在单处理机系统中，主要的技术措施是在功能部件上，即改进各功能部件，按照时间重叠、资源重复和资源共享形成不同类型的并行处理系统。在单处理机的并行发展中，时间重叠是最重要的。把一件工作分成若干相互联系的部分，把每一部分指定给专门的部件完成，然后按时间重叠措施把各部分执行过程在时间上重叠起来，使所有部件依次完成一组同样的工作。例如，将执行指令的过程分为 3 个子过程：取指令、分析指令和执行指令，而这 3 个子过程是由 3 个专门的部件完成的，它们是取指令部件、分析指令部件和指令执行部件。它们的工作可按时间重叠，如在某一时刻第 I 条指令在执行部件中执行，第 I + 1 条指令在分析部件中分析，第 I + 2 条指令被取指令部件取出。3 条指令被同时处理，从而提高了处理机的速度。另外，在单处理机中，也较为普遍地运用了资源重复，如多操作部件和多体存储器的成功应用。

多机系统是指一个系统中有多个处理机，它属于多指令流多数据流计算机系统。按多机之间连接的紧密程度，可分为紧耦合多机系统和松耦合多机系统两种。在多机系统中，按照功能专用化、多机互连和网络化 3 个方向发展并行处理技术。

功能专用化经松散耦合系统及外围处理机向高级语言处理机和数据库机发展。多机互连是通过互联网络紧密耦合在一起的、能使自身结构改变的可重构多处理机和高可靠性的容错多处理机。计算机网络是为了适应计算机应用社会化、普及化而发展起来的。它的进一步发展，将满足多任务并行处理的要求，多机系统向分布式处理系统发展是并行处理的一种发展趋势。

2.3.4 应用服务器技术

随着 Internet 的发展壮大，"主机/终端"或"客户机/服务器"的传统应用系统模式已经不能适应新的环境。于是就产生了新的分布式应用系统，相应地，新的开发模式也应运而生，即所谓的"浏览器/服务器"结构、"瘦客户机"模式。应用服务器便是一种实现这种模式的核心技术。应用服务器是指通过各种协议把商业逻辑暴露给客户端的程序。它提供了访问商业逻辑的途径以供客户端应用程序使用。应用服务器使用此商业逻辑就像调用对象的一个方法一样。

Web 应用程序驻留在应用服务器（Application Server）上。应用服务器为 Web 应用程序提供一种简单的和可管理的对系统资源的访问机制。它也提供低级的服务，如 HTTP 协议的实现和数据库连接管理。Servlet 容器仅仅是应用服务器的一部分。除了 Servlet 容器外，应用服务器还可能提供其他 Java EE（Enterprise Edition）组件，如 EJB（Enterprise

JavaBeans）容器、JNDI 服务器以及 JMS（Java Message Service）服务器等。

市场上可以得到多种应用服务器，其中包括 Apache 的 Tomcat、IBM 的 websphere、Caucho Technology 的 Resin、Macromedia 的 JRun、NEC WebOTX Application Server、JBoss Application Server、BEA 的 WebLogic 等。其中有些如 NEC WebOTX Application Server、WebLogic、WebSphere 不仅仅是 Servlet 容器，它们也提供对 EJB、JMS 以及其他 Java EE 技术的支持。每种类型的应用服务器都有自己的优点、局限性和适用性。

应用服务器和 Web 服务器的区别如下：

① Web 服务器传送页面使浏览器可以浏览，然而应用程序服务器提供的是客户机端应用程序可以调用的方法。确切地说，Web 服务器专门处理 HTTP 请求，但是应用程序服务器通过很多协议为应用程序提供商业逻辑。

② Web 服务器（Web Server）可以解析 HTTP 协议。当 Web 服务器接收到一个 HTTP 请求，会返回一个 HTTP 响应，例如送回一个 HTML 页面。为了处理一个请求，Web 服务器可以响应一个静态页面或图片，进行页面跳转，或者把动态响应的产生委托给其他程序，如 CGI 脚本，JSP（Java Server Pages）脚本、Servlets、ASP（Active Server Pages）脚本、服务器端 Java Script，或者其他服务器端技术。无论它们的目的如何，这些服务器端的程序通常产生一个 HTML 的响应让浏览器可以浏览。

③ 企业 Web 服务器是面向企业网络用户的信息交流平台，Web 在企业生产管理过程中的应用越来越多，是信息化应用的入口，一些应用系统都集成在 Web 服务器上。Web 服务器的代理模型非常简单，当一个请求被送到 Web 服务器中来时，它只单纯地把请求传递给可以很好地处理请求的程序。Web 服务器仅仅提供一个可以执行服务器端程序和返回（程序所产生的）响应的环境，而不会超出职能范围。服务器端程序通常具有事务处理，数据库连接和消息等功能。

④ 虽然 Web 服务器不支持事务处理或数据库连接池，但它可以配置各种策略来实现容错性和可扩展性，如负载平衡，缓冲。集群特征经常被误认为仅仅是应用程序服务器专有的特征。

⑤ 应用程序服务器通过各种协议，可以包括 HTTP，把商业逻辑暴露给客户端应用程序。Web 服务器主要是处理向浏览器发送 HTML 以供浏览，而应用程序服务器提供访问商业逻辑的途径以供客户端应用程序使用。应用程序使用此商业逻辑就像用户调用对象的一个方法（或过程语言中的一个函数）。

⑥ 应用程序服务器的客户端[包含有图形用户界面（GUI）的]可能会运行在一台 PC、一个 Web 服务器或者其他应用程序服务器上。在应用程序服务器与其客户端之间来回穿梭的信息不仅仅局限于简单的显式标记。相反，这种信息就是程序逻辑。正是由于这种逻辑取得了数据和方法调用的形式而不是静态 HTML，所以客户机端才可以随心所欲地使用这种被暴露的商业逻辑。

⑦ 在大多数情形下，应用程序服务器是通过组件的应用程序接口把商业逻辑暴露给客户端应用程序的，例如基于 Java EE 应用程序服务器的 EJB 组件模型。此外，应用程序服务器可以管理自己的资源，如看大门的工作包括安全、事务处理、资源池和消息。就像 Web 服务器一样，应用程序服务器配置了多种可扩展和容错技术。

互联网的发展使所有企业越来越意识到共享分布式资源的重要，而作为网络基石的服务器，扮演了一个十分重要的角色。然而由于传统服务器的复杂性和高成本，使得应用服务器向低成本、高性能以及提供专门的完整解决方案的方向不断发展。

2.3.5 分布式缓存技术

伴随着现阶段云计算以及 Web 的进一步发展，很多企业或者组织常常面对空前的相关需求：百万级的并发用户的相关访问、每秒数以千计的并发事务的相关处理、灵活的弹性以及可伸缩性、低延时以及可用性等。传统事务型应用面临着极限规模的并发事务的相关处理，并且出现了极限事务处理（Extreme Transaction Processing，XTP）型的重要应用。极限事务相关处理的不断引入，无疑给传统 Web 的三层架构带来了前所未有的挑战。分布式缓存是作为一种更加关键的 XTP 相关的技术，可以为事务型应用提供高吞吐率、低延时的相关技术解决方案。其延迟写机制可以提供更短的响应时间，与此同时更大程度地降低数据库的事务处理的负载性，分阶段事件的驱动架构可以提高支持大规模、高并发的事务处理的相关请求。另外，分布式缓存在内存中管理着事务并且为数据提供一致性的保障，采用数据复制技术实现更高的可用性，具有更加优秀的扩展性。

1. 分布式缓存具有的特性

（1）高性能

当传统数据库面临大规模数据访问时，磁盘 I/O 往往成为性能瓶颈，从而导致过高的响应延迟。分布式缓存将高速内存作为数据对象的存储介质，数据以 key/value 形式存储，理想情况下可以获得 DRAM 级的读/写性能。

（2）动态扩展性

支持弹性扩展，通过动态增加或减少节点应对变化的数据访问负载，提供可预测的性能与扩展性。同时，可最大限度地提高资源利用率。

（3）高可用性

可用性包含数据可用性与服务可用性两方面。基于冗余机制实现高可用性、无单点失效、支持故障的自动发现、透明地实施故障切换，不会因服务器故障而导致缓存服务中断或数据丢失。动态扩展时自动均衡数据分区，同时保障缓存服务持续可用。

（4）易用性

提供单一的数据与管理视图，API 接口简单，且与拓扑结构无关。动态扩展或失效恢复时无须人工配置。自动选取备份节点。多数缓存系统提供了图形化的管理控制台，便于统一维护。

（5）分布式代码执行

将任务代码转移到各数据节点并行执行，客户端聚合返回结果，从而有效避免了缓存数据的移动与传输。最新的 Java 数据网格规范 JSR-347 中加入了分布式代码执行与 Map/Reduce 的 API 支持，各主流分布式缓存产品，如 IBM WebSphere eXtreme Scale、VMware GemFire、GigaSpaces XAP 和 Red Hat Infinispan 等也都支持这一新的编程模型。

2. 分布式缓存的典型应用场景分类

（1）页面缓存

用来缓存 Web 页面的内容片段，包括 HTML、CSS 和图片等，多应用于社交网站。

（2）应用对象缓存

缓存系统作为 ORM 框架的二级缓存对外提供服务，目的是减轻数据库的负载压力，加速应用访问。

（3）状态缓存

缓存包括 Session 会话状态及应用横向扩展时的状态数据等，这类数据一般是难以恢复的，对可用性要求较高，多应用于高可用集群。

（4）并行处理

通常涉及大量中间计算结果需要共享。

（5）事件处理

分布式缓存提供了针对事件流的连续查询处理技术，满足实时性需求。

（6）极限事务处理

分布式缓存为事务型应用提供高吞吐率、低延时的解决方案，支持高并发事务请求处理，多应用于铁路、金融服务和电信等领域。

3. 分布式缓存的发展

分布式缓存经历了多个发展阶段，由最初的本地缓存到弹性缓存平台直至弹性应用平台，目标是朝着构建更好的分布式系统方向发展。

（1）本地缓存

数据存储在应用代码所在内存空间。优点是可以提供快速的数据访问；缺点是数据无法分布式共享，无容错处理，典型的如 Cache4j。

（2）分布式缓存系统

数据在固定数目的集群节点间分布存储。优点是缓存容量可扩展（静态扩展）；缺点是扩展过程中需要大量配置，无容错机制，典型的如 Memcached。

（3）弹性缓存平台

数据在集群节点间分布存储，基于冗余机制实现高可用性。优点是可动态扩展，具有容错能力；缺点是复制备份会对系统性能造成一定影响，典型的如 Windows Appfabric Caching。

（4）弹性应用平台

弹性应用平台代表了云环境下分布式缓存系统未来的发展方向。简单地讲，弹性应用平台是弹性缓存与代码执行的组合体，将业务逻辑代码转移到数据所在节点执行，可以极大地降低数据传输开销，提升系统性能，典型的如 GigaSpaces XAP。

2.4　基础设施层

基础设施层是为中间件层或者用户准备其所需的计算和存储等资源。

基础设施层将经过虚拟化的计算资源、存储资源和网络资源以基础设施即服务的方式通过网络提供给用户使用和管理。虽然不同云提供商的基础设施层在所提供的服务上有所差异，但是作为提供底层基础 IT 资源的服务，该层一般都具有以下基本功能：

1．资源抽象

当要搭建基础设施层时，首先面对的是大规模的硬件资源，比如通过网络相互连接的服务器和存储设备等。为了能够实现高层次的资源管理逻辑，必须对资源进行抽象，也就是对硬件资源进行虚拟化。

虚拟化的过程一方面需要屏蔽掉硬件产品上的差异，另一方面需要对每一种硬件资源提供统一的管理逻辑和接口。值得注意的是，根据基础设施层实现的逻辑不同，同一类型资源的不同虚拟化方法可能存在非常大的差异。例如，存储虚拟化方面有 IBM SAN Volume Controller、IBM Tivoli Storage Manager（TSM）、Google File System、Hadoop Distributed File System 和 VMware Virtual Machine File System 等几种主流技术。

另外，根据业务逻辑和基础设施层服务接口的需要，基础设施层资源的抽象往往是具有多个层次的。例如，业界提出的资源模型中就出现了虚拟机（Virtual Machine）、集群（Cluster）和云（Cloud）等若干层次分明的资源抽象。资源抽象为上层资源管理逻辑定义了被操作的对象和粒度，是构建基础设施层的基础。如何对不同品牌和型号的物理资源进行抽象，以一个全局统一资源池的方式进行管理并呈现给客户，是基础设施层必须解决的一个核心问题。

2．资源监控

资源监控是保证基础设施层高效率工作的一个关键功能。资源监控是负载管理的前提，如果不能对资源进行有效监控，也就无法进行负载管理。基础设施层对不同类型的资源监控的指标不同。对于 CPU，通常监控的是 CPU 的使用率。对于内存和存储，除了监控使用率，还会根据需要监控读/写操作频率。对于网络，则需要对网络实时的输入/输出流量、可获得带宽及路由状态进行监控。

基础设施层首先需要根据资源的抽象模型建立一个资源监控模型，用来描述资源监控的对象及其度量。Amazon 公司的 CloudWatch 是一个给用户提供监控 Amazon EC2 实例并负责负载均衡的 Web 服务，该服务定义了一组监控模型，使得用户可以基于模型使用监控工具对 EC2 实例进行实时监测，并在此基础上进行负载均衡决策。

同时，资源监控还具有不同的粒度和抽象层次。一个典型的场景是对包括相互关联的多个虚拟资源的某个具体的解决方案整体进行资源监控。整体监控结果是对解决方案各个部分监控结果的整合。通过对结果进行分析，用户可以更加直观地监控到某个解决方案整体资源的使用情况及其对解决方案整体性能的影响，从而采取必要的操作对解决方案进行调整。

3. 负载管理

在基础设施层这样大规模的集群资源环境中，任何时刻参与节点的负载都是起伏不定的。一般来说，节点之间的负载允许存在一定的差异和起伏，它们的负载在一定程度上不均匀也不会导致严重的后果。然而，如果太多节点资源利用率过低或者节点之间负载差异过大就会造成一系列突出问题。一方面，如果太多节点负载过低，会造成资源使用上的浪费，需要基础设施层提供自动化的负载平衡机制将负载进行合并，提高资源使用率并且关闭负载整合后闲置的资源。另一方面，如果有些节点的负载过高，上层服务的性能将会受到影响。一般来说，理想的处理器负载为 60%～80%，基础设施层的自动化负载平衡机制可以将负载进行转移，即从负载过高节点转移部分负载到负载过低节点，从而使得所有的资源在整体负载和整体利用率上面趋于平衡，尽量将服务器负载控制在理想范围内。

4. 存储管理

在基础设施层的存储有两个主要用途：存储虚拟机的镜像文件；保存云中虚拟机系统所保存的应用业务数据。

一个典型的基础设施服务上面会运行成千上万个虚拟机，每个虚拟机都有自己的镜像文件。通常一个镜像文件的大小为 10 GB 左右，随着虚拟机运行过程中业务数据的产生，存储往往还会增加。基础设施层对镜像文件存储有着巨大的需求。

另外，在云中运行的虚拟机内部的应用程序通常会有存储数据的需要。如果将这些数据存储在虚拟机内部则会使得支持高可用性变得非常困难。为了支持应用的高可用性，可以将这些数据都存储在虚拟机外的其他地方，当虚拟机不可用时直接快速启动另外一个相同的虚拟机实例，并使用之前在虚拟机外存储的数据。为了保证虚拟机动态迁移的性能，通常会让不同硬件服务器上的虚拟机管理器使用共享存储。这些存储设备需要通过高速

I/O 网络和传输协议连接起来，如 iSCSI。因此，基础设施即服务云通常也会提供相应的存储服务来保存应用业务数据，如 Amazon S3。

5. 资源部署

资源部署指的是通过自动化部署流程将资源分配给上层应用的过程，即使基础设施服务变得可用的过程。在应用程序环境构建初期，当所有虚拟化的硬件资源环境都已经准备就绪时，就需要进行初始化过程的资源部署。另外，在应用运行过程中，往往会进行二次甚至多次资源部署，从而满足上层应用对于基础设施层中资源的需求，也就是运行过程中的动态部署。

在云计算的基础设施层，动态部署有多种应用场景。一个典型的场景就是实现基础设施层的动态可伸缩性，也就是说云的应用可以在极短的时间内根据用户需求和服务状况的变化而调整。当用户应用的工作负载过高时，用户可以非常容易地将自己的服务实例从数个扩展到数千个，并自动获得所需要的资源。通常这种伸缩操作不但要在极短的时间内完成，还要保证操作复杂度不会随着规模的增加而增大。另外一个典型场景是故障恢复和硬件维护。在云计算这样由成千上万服务器组成的大规模分布式系统中，硬件出现故障在所难免，在硬件维护时也需要将应用暂时移走。基础设施层需要能够复制该服务器的数据和运行环境并通过动态资源部署在另外一个节点上建立起相同的环境，从而保证服务从故障中快速恢复过来。

资源部署的方法也会随构建基础设施层所采用技术的不同而有着巨大的差异。使用服务器虚拟化技术构建的基础设施层和未使用这些技术的传统物理环境有很大的差别，前者的资源部署更多的是虚拟机的部署和配置过程，而后者的资源部署则涉及从操作系统到上层应用整个软件堆栈的自动化安装相配置。相比之下，采用虚拟化技术的基础设施层资源部署更容易实现。

2.4.1　虚拟化技术

虚拟化是指通过虚拟化技术将一台计算机虚拟为多台逻辑计算机。在一台计算机上同时运行多个逻辑计算机，每个逻辑计算机可运行不同的操作系统，并且应用程序都可以在相互独立的空间内运行而互不影响，从而显著提高计算机的工作效率。

虚拟化使用软件的方法重新定义划分 IT 资源，可以实现 IT 资源的动态分配、灵活调度、跨域共享，提高 IT 资源利用率，使 IT 资源能够真正成为社会基础设施，服务于各行各业中灵活多变的应用需求。

在计算机中，虚拟化是一种资源管理技术，是将计算机的各种实体资源，如服务器、网络、内存及存储等，予以抽象、转换后呈现出来，打破实体结构间不可切割的障碍，使用户可以比原本的组态更好的方式来应用这些资源。这些资源的新虚拟部分不受现有资源的架设方式、地域或物理组态所限制。一般所指的虚拟化资源包括计算能力和资料存储。在实际生产环境中,虚拟化技术主要用来解决高性能的物理硬件产能过剩和老旧的硬件产能过低的重组重用,透明化底层物理硬件,从而最大化地利用物理硬件。

虚拟机是对真实计算环境的抽象和模拟,VMM(Virtual Machine Monitor,虚拟机监控器)需要为每个虚拟机分配一套数据结构来管理它们的状态,包括虚拟处理器的全套寄存器、物理内存的使用情况、虚拟设备的状态等。VMM调度虚拟机时,将其部分状态恢复到主机系统中。并非所有的状态都需要恢复,如主机CR3寄存器中存放的是VMM设置的页表项物理地址,而不是Guest OS设置的值。主机处理器直接运行Guest OS的机器指令,由于Guest OS运行在低特权级别,当访问主机系统的特权状态(如写GDT寄存器)时,权限不足导致主机处理器产生异常,将运行权自动交还给VMM。此外,外部中断的到来也会导致VMM的运行。

VMM可能需要先将该虚拟机的当前状态写回到状态数据结构中,分析虚拟机被挂起的原因,然后代表Guest OS执行相应的特权操作。最简单的情况,如Guest OS对CR3寄存器的修改,只需要更新虚拟机的状态数据结构即可。一般而言,大部分情况下,VMM需要经过复杂的流程才能完成原本简单的操作。最后VMM将运行权还给Guest OS,Guest OS从上次被中断的地方继续执行,或处理VMM"塞"入的虚拟中断和异常。这种经典的虚拟机运行方式称为Trap&Emulate,虚拟机对于Guest OS完全透明,Guest OS不需要任何修改,但是VMM的设计会比较复杂,系统整体性能受到明显的损害。

1. 虚拟化技术所涉及的几个名词

（1）VMM控制权

x86处理器有4个特权级别,Ring 0～Ring 3,只有运行在Ring 0～2级时,处理器才可以访问特权资源或执行特权指令;运行在Ring 0级时,处理器可以访问所有的特权状态。x86平台上的操作系统一般只使用Ring 0和Ring 3两个级别,操作系统运行在Ring 0级,用户进程运行在Ring 3级。为了满足上面的第一个充分条件——资源控制,VMM自己必须运行在Ring 0级,同时为了避免Guest OS控制系统资源,Guest OS不得不降低自身的运行级别,运行在Ring 1或Ring 3级(Ring 2不使用)。

（2）特权级压缩

VMM使用分页或段限制的方式保护物理内存的访问,但是64位模式下段限制不起作用,而分页又不区分Ring 0、Ring1、Ring2。为了统一和简化VMM的设计,Guest OS只能和Guest进程一样运行在Ring 3级。VMM必须监视Guest OS对GDT、IDT等特权资源的设置,防止Guest OS运行在Ring 0级,同时又要保护降级后的Guest OS不受Guest进程的主动攻击或无意破坏。

（3）特权级别名

特权级别名是指Guest OS在虚拟机中运行的级别并不是它所期望的。VMM必须保证 Guest OS 不能获知正在虚拟机中运行这一事实，否则可能打破等价性条件。例如，x86 处理器的特权级别存放 CS 代码段寄存器内，Guest OS 可以使用非特权 push 指令将 CS 寄存器压栈，然后 pop 指令检查该值。又如，Guest OS 在低特权级别时读取特权寄存器 GDT、LDT、IDT 和 TR，并不发生异常，从而可能发现这些值与自己期望的值不一样。为了解决这个挑战，VMM 可以使用动态二进制翻译技术，例如预先把 "push %%cs" 指令替换，在栈上存放一个影子 CS 寄存器值；又如，可以把读取 GDT 寄存器的操作 "sgdt dest" 改为 "movl fake_gdt,dest"。

（4）地址空间压缩

地址空间压缩是指 VMM 必须在 Guest OS 的地址空间中保留一部分供其使用。例如，中断描述表寄存器（IDT Register）中存放的是中断描述表的线性地址，如果 Guest OS 运行过程中来了外部中断或触发处理器异常，必须保证运行权马上转移到 VMM 中，因此 VMM 需要将 Guest OS 的一部分线性地址空间映射成自己的中断描述表的主机物理地址。VMM 可以完全运行在 Guest OS 的地址空间中，也可以拥有独立的地址空间[VMM 只占用 Guest OS 很少的地址空间，用于存放中断描述表和全局描述符表（GDT）等重要的特权状态]。无论哪种情况，VMM 应该防止 Guest OS 直接读取和修改这部分地址空间。

（5）Guest OS 异常

内存是一种非常重要的系统资源，VMM 必须全权管理，Guest OS 理解的物理地址只是客户机物理地址（Guest Physical Address），并不是最终的主机物理地址（Host Physical Address）。当 Guest OS 发生缺页异常时，VMM 需要知道缺页异常的原因，是 Guest 进程试图访问没有权限的地址，或是客户机线性地址（Guest Linear Address）尚未翻译成客户机物理地址，还是客户机物理地址尚未翻译成主机物理地址。一种可行的解决方法是 VMM 为 Guest OS 的每个进程的页表构造一个影子页表，维护客户机线性地址到主机物理地址的映射，主机 CR3 寄存器存放这个影子页表的物理内存地址。VMM 同时维护一个 Guest OS 全局的客户机物理地址到主机物理地址的映射表。发生缺页异常的地址总是客户机物理地址，VMM 先去 Guest OS 中的页表检查原因，如果页表项已经建立，即对应的客户机物理地址存在，说明尚未建立到主机物理地址的映射，那么 VMM 分配一页物理内存，将影子页表和映射表更新；否则，VMM 返回 Guest OS，由 Guest OS 自行处理该异常。

（6）系统调用

系统调用是操作系统提供给用户的服务例程，使用非常频繁。最新的操作系统一般使用 SYSENTER/SYSEXIT 指令对实现快速系统调用。SYSENTER 指令通过 IA32_SYSENTER_CS、IA32_SYSENTER_EIP 和 IA32_SYSENTER_ESP 这 3 个 MSR（Model Specific Register）寄存器直接转到 Ring 0 级；而 SYSEXIT 指令不在 Ring 0 级执行的话将触发异常。因此，如果 VMM 只能采取 Trap & Emulate 方式处理这两条指令的话，整体性能将会受到极大损害。

（7）中断和异常

所有外部中断和主机处理器的异常直接由 VMM 接管，VMM 构造必需的虚拟中断和异常，然后转发给 Guest OS。VMM 需要模拟硬件和操作系统对中断和异常的完整处理流程，例如 VMM 先要在 Guest OS 当前的内核栈上压入一些信息，然后找到 Guest OS 相应处理例程的地址，并跳转过去。VMM 必须对不同的 Guest OS 的内部工作流程比较清楚，这增加了 VMM 的实现难度。同时，Guest OS 可能频繁地屏蔽中断和启用中断，这两个操作访问特权寄存器 EFLAGS，必须由 VMM 模拟完成，性能因此会受到损害。Guest OS 重新启用中断时，VMM 需要及时获知这一情况，并将积累的虚拟中断转发。

（8）访问特权资源

Guest OS 对特权资源的每次访问都会触发处理器异常，然后由 VMM 模拟执行，如果访问过于频繁，则系统整体性能将会受到极大损害。比如对中断的屏蔽和启用，cli（Clear Interrupts）指令在 Pentium 4 处理器上需要花费 60 个时钟周期（cycle）。又如，处理器本地高级可编程中断处理器（Local APIC）上有一个操作系统可修改的任务优先级寄存器（Task-Priority Register），IO-APIC 将外部中断转发到 TPR 值最低的处理器上（期望该处理器正在执行低优先级的线程），从而优化中断的处理。TPR 是一个特权寄存器，某些操作系统会频繁设置（Linux Kernel 只在初始化阶段为每个处理器的 TPR 设置相同的值）。

软件 VMM 所遇到的以上挑战从本质上来说是因为 Guest OS 无法运行在它所期望的最高特权级，传统的 Trap & Emulate 虽然以透明的方式基本解决了上述挑战，但是带来了极大的设计复杂性并致使性能下降。比较先进的虚拟化软件结合使用二进制翻译和超虚拟化的技术，核心思想是动态或静态地改变 Guest OS 对特权状态访问的操作，尽量减少产生不必要的硬件异常，同时简化 VMM 的设计。

2. 虚拟化的分类

（1）完全虚拟化

完全虚拟化是最流行的虚拟化方法，使用 Hypervisor 中间层软件，在虚拟服务器和底层硬件之间建立一个抽象层。

Hypervisor 可以捕获 CPU 指令，为指令访问硬件控制器和外设充当中介。因而，完全虚拟化技术几乎能让任何一款操作系统不用改动就能安装到虚拟服务器上，而它们不知道自己运行在虚拟化环境下。主要缺点是，性能方面不如裸机，因为 Hypervisor 需要占用一些资源，给处理器带来开销。

在完全虚拟化的环境下，Hypervisor 运行在裸硬件上，充当主机操作系统，而由 Hypervisor 管理的虚拟服务器运行在客户端操作系统（Guest OS）上。

（2）准虚拟化

完全虚拟化是处理器密集型技术，因为它要求 Hypervisor 管理各个虚拟服务器，并让它们彼此独立。减轻这种负担的一种方法就是改动客户操作系统，让它以为自己运行在虚拟环境下，能够与 Hypervisor 协同工作，这种方法称为准虚拟化。

准虚拟化技术的优点是性能高。经过准虚拟化处理的服务器可与 Hypervisor 协同工作，其响应能力几乎不亚于未经过虚拟化处理的服务器。它的客户操作系统集成了虚拟化方面的代码。该方法无须重新编译或引起陷阱，因为操作系统自身能够与虚拟进程进行很好的协作。

（3）操作系统层虚拟化

实现虚拟化还有一个方法，那就是在操作系统层面增添虚拟服务器功能。就操作系统层的虚拟化而言，没有独立的 Hypervisor 层。相反主机操作系统本身就负责在多个虚拟服务器之间分配硬件资源，并且让这些服务器彼此独立。一个明显的区别是，如果使用操作系统层虚拟化，所有虚拟服务器必须运行同一操作系统。

虽然操作系统层虚拟化的灵活性比较差，但本机速度性能比较高。此外，由于架构在所有虚拟服务器上使用单一、标准的操作系统，管理起来比异构环境更容易。

（4）桌面虚拟

服务器虚拟化主要针对服务器而言，而虚拟化最接近用户的还是桌面虚拟化。桌面虚拟化的主要功能是将分散的桌面环境集中保存并管理起来，包括桌面环境的集中下发、集中更新、集中管理。桌面虚拟化使得桌面管理变得简单，不用每台终端单独进行维护、每台终端进行更新。终端数据可以集中存储在中心机房里，安全性相对传统桌面应用要高很多。桌面虚拟化可以使得一个人拥有多个桌面环境，也可以把一个桌面环境供多人使用，节省了 license。另外，桌面虚拟化依托于服务器虚拟化，没有服务器虚拟化，桌面虚拟化也就失去了它的优势，而且还浪费许多管理资本。

（5）硬件虚拟化

英特尔虚拟化技术（Intel Virtualization Technology，IVT）是由英特尔开发的一种虚拟化技术，利用 IVT 可以对在系统上的客户操作系统通过 VMM 虚拟一套硬件设备，以供客户操作系统使用。这些技术以往在 VMware 与 Virtual PC 上都通过软件实现，而通过 IVT 的硬件支持可以加速此类软件的运行。

AMD 虚拟化（AMD Virtualization，AMD-V）是 AMD 为 64 位的 x86 架构提供的虚拟化扩展的名称，但有时仍然会用"Pacifica"（AMD 开发这项扩展时的内部项目代码）来指代它。

虚拟化技术指的是软件层面的实现虚拟化的技术，整体上分为开源虚拟化和商业虚拟化两大阵营。典型代表有 Xen、KVM、VMware、Hyper-V、Docker 容器等。

Xen 和 KVM 是开源免费的虚拟化软件，VMware 是付费的虚拟化软件，Hyper-V 是一种收费虚拟化技术，Docker 是一种容器技术，属于一种轻量级虚拟化技术。

虚拟化软件产品很多，无论是开源的还是商业的，每款软件产品有其优缺点以及应用场景，需要根据业务场景选择。

3. 虚拟化软件产品

（1）KVM

KVM（Kernel-based Virtual Machine）基于内核的虚拟是集成到 Linux 内核的 Hypervisor，是 x86 架构且硬件支持虚拟化技术（Intel VT 或 AMD-V）的 Linux 的全虚拟化解决方案。它是 Linux 的一个很小的模块，利用 Linux 做大量的事，如任务调度、内存管理、硬件设备交互等。

（2）Xen

Xen 是第一类运行在裸机上的虚拟化管理程序。它支持全虚拟化和准虚拟化，Xen 支持 hypervisor 和虚拟机互相通信，而且在所有 Linux 版本上提供免费产品，包括 Red Hat Enterprise Linux 和 SUSE Linux Enterprise Server。

Xen 最重要的优势在于准虚拟化，此外未经修改的操作系统也可以直接在 Xen 上运行（如 Windows），能让虚拟机有效运行而不需要仿真，因此虚拟机能感知到 Hypervisor，而不需要模拟虚拟硬件，从而能实现高性能。

2.4.2　分布式存储

与目前常见的集中式存储技术不同,分布式存储技术并不是将数据存储在某个或多个特定的节点上，而是通过网络使用企业中的每台机器上的磁盘空间，并将这些分散的存储资源构成一个虚拟的存储设备，数据分散地存储在企业的各个角落。所谓结构化数据，是一种用户定义的数据类型，它包含了一系列属性，每个属性都有一个数据类型，存储在关系数据库中，可以用二维表结构来表达实现的数据。大多数系统都有大量的结构化数据，一般存储在 Oracle 或 MySQL 等关系型数据库中,当系统规模大到单一节点的数据库无法支撑时，一般有两种方法：垂直扩展与水平扩展。

1. 分布式存储的方法

（1）垂直扩展

垂直扩展比较好理解，简单来说就是按照功能切分数据库，将不同功能的数据存储在不同数据库中，这样一个大数据库就被切分成多个小数据库，从而达到了数据库的扩展。一个架构设计良好的应用系统，其总体功能一般由多个松耦合的功能模块组成，而每个功能模块所需要的数据对应到数据库中就是一张或多张表。各个功能模块之间交互越少，越统一，系统的耦合度越低，这样的系统就越容易实现垂直切分。

（2）水平扩展

简单来说，可以将数据的水平切分理解为按照数据行来切分，就是将表中的某些行切分到一个数据库中，而另外的某些行又切分到其他数据库中。为了能够比较容易地判断各行数据切分到了哪个数据库中，切分总是需要按照某种特定的规则进行，如按照某个数字字段的范围、某个时间类型字段的范围，或者某个字段的 Hash 值。

2. 分布式存储系统的特性

Google、Amazon、Alibaba 等互联网公司的成功催生了云计算和大数据两大热门领域。无论是云计算、大数据还是互联网公司的各种应用，其后台基础设施的主要目标都是构建低成本、高性能、可扩展、易用的分布式存储系统。

虽然分布式系统研究了很多年，但是，直到近年来，互联网大数据应用的兴起才使得它大规模地应用到工程实践中。相比传统的分布式系统，互联网公司的分布式系统具有两个特点：一个特点是规模大，另一个特点是成本低。不同的需求造就了不同的设计方案，可以这么说，Google 等互联网公司重新定义了大规模分布式系统。下面介绍大规模分布式系统的定义与分类。

大规模分布式存储系统的定义为，分布式存储系统是大量普通 PC 服务器通过 Internet 互联，对外作为一个整体提供存储服务。

（1）可扩展

分布式存储系统可以扩展到几百台甚至几千台的集群规模，而且，随着集群规模的增长，系统整体性能表现为线性增长。

（2）低成本

分布式存储系统的自动容错、自动负载均衡机制使其可以构建在普通 PC 之上。另外，线性扩展能力也使得增加、减少机器非常方便，可以实现自动运维。

（3）高性能

无论是针对整个集群还是单台服务器，都要求分布式存储系统具备高性能。

（4）易用

分布式存储系统需要能够提供易用的对外接口，另外，也要求具备完善的监控、运维工具，并能够方便地与其他系统集成，例如，从 Hadoop 云计算系统导入数据。

3. 分布式存储的数据分类

分布式存储系统的挑战主要在于数据、状态信息的持久化，要求在自动迁移、自动容错、并发读/写的过程中保证数据的一致性。分布式存储涉及的技术主要来自两个领域：分布式系统以及数据库。

分布式存储系统挑战大，研发周期长，涉及的知识面广。一般来讲，工程师如果能够深入理解分布式存储系统，理解其他互联网后台架构不会再有任何困难。

（1）非结构化数据

非结构化数据包括所有格式的办公文档、文本、图片、图像、音频和视频信息等。

（2）结构化数据

一般存储在关系数据库中，可以用二维关系表结构来表示。结构化数据的模式

（Schema，包括属性、数据类型以及数据之间的联系）和内容是分开的，数据的模式需要预先定义。

（3）半结构化数据

介于非结构化数据和结构化数据之间，HTML 文档就属于半结构化数据。它一般是自描述的，与结构化数据最大的区别在于，半结构化数据的模式结构和内容混在一起，没有明显的区分，也不需要预先定义数据的模式结构。

4. 分布式存储系统的分类

不同的分布式存储系统适合处理不同类型的数据，一般将分布式存储系统分为四类：分布式文件系统、分布式键值（key/value）系统、分布式表格系统和分布式数据库。

（1）分布式文件系统

互联网应用需要存储大量的图片、照片、视频等非结构化数据对象，这类数据以对象的形式组织，对象之间没有关联，这样的数据一般称为 Blob（Binary Large Object，二进制大对象）数据。

分布式文件系统用于存储 Blob 对象，典型的系统有 Facebook Haystack 以及 Taobao File System（TFS）。另外，分布式文件系统也常作为分布式表格系统以及分布式数据库的底层存储，如谷歌的 GFS（Google File System，存储大文件）可以作为分布式表格系统 Google Bigtable 的底层存储，Amazon 的 EBS（Elastic Block Store，弹性块存储）系统可以作为分布式数据库（Amazon RDS）的底层存储。

总体上看，分布式文件系统存储 3 种类型的数据：Blob 对象、定长块以及大文件。在系统实现层面，分布式文件系统内部按照数据块（Chunk）组织数据，每个数据块的大小大致相同，每个数据块可以包含多个 Blob 对象或者定长块，一个大文件也可以拆分为多个数据块。分布式文件系统将这些数据块分散到存储集群，处理数据复制、一致性、负载均衡、容错等分布式系统难题，并将用户对 Blob 对象、定长块以及大文件的操作映射为对底层数据块的操作。

（2）分布式键值系统

分布式键值系统用于存储关系简单的半结构化数据，它只提供基于主键的 CRUD 功能，即根据主键创建、读取、更新或者删除一条键值记录。

典型的系统有 Amazon Dynamo 以及 Taobao Tair。从数据结构的角度看，分布式键值系统与传统的哈希表比较类似，不同的是，分布式键值系统支持将数据分布到集群中的多个存储节点。分布式键值系统是分布式表格系统的一种简化实现，一般用作缓存，如 TaobaoTair 以及 Memcache。一致性哈希是分布式键值系统中常用的数据分布技术，因其被 Amazon DynamoDB 系统使用而变得相当有名。

（3）分布式表格系统

分布式表格系统用于存储关系较为复杂的半结构化数据，与分布式键值系统相比，分布式表格系统不仅支持简单的 CRUD 操作，而且支持扫描某个主键范围。分布式表格系统以表格为单位组织数据，每个表格包括很多行，通过主键标识一行，支持根据主键的 CRUD 功能以及范围查找功能。

分布式表格系统借鉴了很多关系数据库的技术，例如支持某种程度上的事务，如单行事务、某个实体组（Entity Group，一个用户下的所有数据往往构成一个实体组）下的多行事务。典型的系统包括 Google Bigtable 以及 Megastore、Microsoft Azure Table Storage、Amazon DynamoDB 等。与分布式数据库相比，分布式表格系统主要支持针对单张表格的操作，不支持一些特别复杂的操作，如多表关联、多表连接、嵌套子查询；另外，在分布式表格系统中，同一个表格的多个数据行也不要求包含相同类型的列，适合半结构化数据。分布式表格系统是一种很好的权衡，这类系统可以做到超大规模，而且支持较多的功能，但实现往往比较复杂，而且有一定的使用门槛。

（4）分布式数据库

分布式数据库一般是从单机关系数据库扩展而来，用于存储结构化数据。分布式数据库采用二维表格组织数据，提供 SQL 查询，支持多表关联、嵌套子查询等复杂操作，并提供数据库事务以及并发控制。

典型的系统包括 MySQL 数据库分片（MySQL Sharding）集群，Amazon RDS 以及 Microsoft SQL Azure。分布式数据库支持的功能最为丰富，符合用户的使用习惯，但可扩展性往往受到限制。当然，这一点并不是绝对的。Google Spanner 系统是一个支持多数据中心的分布式数据库，它不仅支持丰富的关系数据库功能，还能扩展到多个数据中心的成千上万台机器。除此之外，阿里巴巴的 OceanBase 系统也是一个支持自动扩展的分布式关系数据库。

关系数据库是较为成熟的存储技术，它的功能极其丰富，产生了商业的关系数据库软件（如 Oracle、Microsoft SQL Server、IBM DB2、MySQL）以及上层的工具及应用软件生态链。然而，关系数据库在可扩展性上面临着巨大的挑战。传统关系数据库的事务以及二维关系模型很难高效地扩展到多个存储节点上，另外，关系数据库对于要求高并发的应用在性能上优化空间较大。为了解决关系数据库面临的可扩展性、高并发以及性能方面的问题，各种各样的非关系数据库风起云涌，这类系统称为 NoSQL 系统，可以理解为 Not Only SQL 系统。NoSQL 系统多得让人眼花缭乱，每个系统都有自己的独到之处，适合解决某种特定的问题。这些系统变化很快，本书不会尝试去探寻某种 NoSQL 系统的实现，而是从分布式存储技术的角度探寻大规模存储系统背后的原理。

2.4.3　关系型数据库

关系型数据库是建立在关系模型基础上的数据库，借助于集合代数等数学概念和方法来处理数据库中的数据。现实世界中的各种实体以及实体之间的各种联系均用关系模型来表示。关系模型是由埃德加·科德于 1970 年首先提出的，并配合"科德十二定律"。在之后的几十年中，关系模型的概念得到了充分的发展并逐渐成为主流数据库结构的主流模型。现如今虽然对此模型有一些批评意见，但它还是数据存储的传统标准。SQL 就是一种基于关系数据库的语言，这种语言执行对关系数据库中数据的检索和操作。关系模型由关系数据结构、关系操作集合、关系完整性约束 3 部分组成。简单来说，关系模型指的就是二维表格模型，而一个关系型数据库就是由二维表及其之间的联系所组成的一个数据组织。

1. 关系模型中常用的概念

（1）关系

关系可以理解为一张二维表，每个关系都具有一个关系名，就是通常说的表名。

（2）元组

元组可以理解为二维表中的一行，在数据库中称为记录。

（3）属性

属性可以理解为二维表中的一列，在数据库中称为字段。

（4）域

域是属性的取值范围，也就是数据库中某一列的取值限制。

（5）关键字

关键字是一组可以唯一标识元组的属性，数据库中常称为主键，由一个或多个列组成。

（6）关系模式

关系模式是指对关系的描述。其格式为关系名(属性 1,属性 2,...,属性 N)，在数据库中称为表结构。

2. 关系型数据库的优点

（1）容易理解

二维表结构是非常贴近逻辑世界的一个概念，关系模型相对网状、层次等其他模型来说更容易理解。

（2）使用方便

通用的 SQL 语句使得操作关系型数据库非常方便。

（3）易于维护

丰富的完整性（实体完整性、参照完整性和用户定义的完整性）大大降低了数据冗余和数据不一致的概率。

3. 关系型数据库的瓶颈

（1）高并发读/写需求

网站的用户并发性非常高，往往达到每秒上万次读/写请求，对于传统关系型数据库来说，硬盘 I/O 是一个很大的瓶颈。

（2）海量数据的高效率读/写

网站每天产生的数据量是巨大的，对于关系型数据库来说，在一张包含海量数据的表中查询，效率非常低。

（3）高扩展性和可用性

在基于 Web 的结构中，数据库是最难进行横向扩展的，当一个应用系统的用户量和访问量与日俱增时，数据库却没有办法像 Web Server 和 App Server 那样简单地通过添加更多的硬件和服务节点来扩展性能和负载能力。对于很多需要提供 24h 不间断服务的网站来说，对数据库系统进行升级和扩展是非常痛苦的事情，往往需要停机维护和数据迁移。

4．关系型数据库不再需要的特性

（1）事务一致性

关系型数据库在对事物一致性的维护中有很大的开销，而现在很多 Web 2.0 系统对事务的读/写一致性都不高。

（2）读/写实时性

对关系数据库来说，插入一条数据之后立刻查询，是可以读出这条数据的，但是对于很多 Web 应用来说，并不要求这么高的实时性，比如发一条消息之后，过几秒乃至十几秒之后才看到这条动态是完全可以接受的。

（3）复杂 SQL

任何大数据量的 Web 系统，都非常忌讳多个大表的关联查询，以及复杂的数据分析类型的 SQL 报表查询，特别是 SNS 类型的网站，从需求以及产品角度，就避免了这种情况的产生。往往更多的只是单表的主键查询，以及单表的简单条件分页查询，SQL 的功能被弱化。

为了保证数据库的 ACID 特性，必须尽量按照其要求的范式进行设计，关系型数据库中的表都是存储一个格式化的数据结构。每个元组字段的组成都是一样的，不是每个元组都需要所有的字段，但数据库会为每个元组分配所有的字段，这样的结构可以便于表与表之间进行连接等操作，但从另一个角度来说它也是关系型数据库的一个性能瓶颈。

2.4.4　NoSQL 技术

NoSQL 一词首先是 Carlo Strozzi 在 1998 年提出来的，指的是他开发的一个没有 SQL 功能，轻量级的，开源的关系型数据库。但是，NoSQL 的发展慢慢偏离了定义的初衷，2009 年初，Johan Oskarsson 举办了一场关于开源分布式数据库的讨论，Eric Evans 在这次讨论中再次提出了 NoSQL 一词，用于指代那些非关系型的、分布式的，且一般不保证遵循 ACID 原则的数据存储系统。Eric Evans 使用 NoSQL 这个词，并不是因为字面上的"没有 SQL"的意思，他只是觉得很多经典的关系型数据库名字都叫"**SQL"，所以为了表示跟这些关系型数据库在定位上的截然不同，就使用了"NoSQL"一词。

非关系型数据库提出了另一种理念，例如，以键值对存储，且结构不固定，每一个元组可以有不一样的字段，每个元组可以根据需要增加一些自己的键值对，这样就不会局限于固定的结构，可以减少一些时间和空间的开销。使用这种方式，用户可以根据需要添加字段，这样，为了获取用户的不同信息，不需要像关系型数据库中，要对多表进行关联查询。仅需要根据 id 取出相应的 value 就可以完成查询。但非关系型数据库由于约束较少，它也不能够提供像 SQL 所提供的 where 这种对于字段属性值情况的查询。并且难以体现设计的完整性。它只适合存储一些较为简单的数据，对于需要进行较复杂查询的数据，SQL 数据库显的更为合适。

1. 主流 NoSQL 的分类

（1）键值（key/value）存储数据库

键值是比较流行的一种 NoSQL 解决方案，特点就是采用键值存储数据，它的优势在于容易部署且简单，但是如果查询只是整个数据库的小部分功能，那性能并不是特别突出。

（2）列存储数据库

列存储数据库比较适合的场景是处理海量的分布式存储的数据，它的主键可能是指向多个列的，数据量增加时几乎不影响性能。

（3）文档型数据库

文档型数据库是采用类似键值的方式进行存储，更准确地说是采用 JSON 的格式进行存储，可以嵌套键值对，文档型数据库比键值存储数据库的效率更高，主流的文档型数据库为 MongoDB、CouchDB 等。

（4）图形（Graph）数据库

图形数据库是以灵活的图形结构去存储数据，这极大地避免了传统的 SQL 数据库需要首先定义模式才能存储数据的局限性。

2. 常用的 NoSQL 数据库

（1）Canssandra

Canssandra 是一个基于 Amazon 的 Dynomo 和 Google 的 Bigtable 模型由 Facebook 开发的 NoSQL 数据库。Canssandra 具有良好的扩展性和伸缩性，是一个分布式存储的数据库，不仅具有良好的数据结构存储的支持，还采用了 Bigtable 基于列的模型，数据量变大不会导致性能的降低，它侧重了 CAP 中的 AP，即可用性和分区容忍，分布式基于一致性 Hash 环算法实现，Canssandra 是无结构存储，所谓的无结构是对应的关系数据的结构化数据，它不需要事先定义好字段，记录当中的每一行可以是不同的结构，每一行也由唯一标志进行索引。

Canssandra 不是一个完全的数据库，而是分布式的存储网络，包含很多节点，数据被存储到某个节点，当用户访问集群时，集群会根据适合的路由去相关的节点获取数据。对于整个数据库的扩充也十分方便，直接增加节点即可。

Canssandra 采用了多维度的 key/value 存储结构，比传统的数据库静态定义模式的方式更加灵活：有比较典型的 NoSQL 数据处理能力和扩充能力，只要简单地向集群中添加节点即可；灵活的查询功能，可以指定在一定范围内去查询；良好的对分布式集群的数据访问支持。

Canssandra 具有以下优点：

① 扩展性。不用预先定义字段，Canssandra 灵活的扩充字段，相比传统数据库需要静态的定义字段才能存储数据有方便扩展的优势。

② 分布式。Canssandra 的存储是基于很多节点的分布式，扩充容量只需要添加节点即可，迁移十分方便，便于集中读/写数据，单点不容易失败。

③ 去中心化。P2P 支持，容易备份，具有良好的容灾支持。

④ 支持范围查询。不一定去查询所有的数据，可以指定键的范围去查询。

Canssandra 的缺点也是比较明显的，它最开始的设计就不是面向存放超大规模文件的系统，因此应用还是有一定局限性的，它的开源社区也并没有完善，代码层面还有一些问题，底层没有采用类似 HBase 之类的 HDFS 去存储文件，因此大文件是个问题，采用客户端去分割文件也会降低可用性。因此，如果是构建大规模数据存储和处理，可以使用 HBase 和 HDFS，就算是扩展性来说，MongoDB 也不失为一个不错的选择。

Canssandra 最开始来自于 Facebook，但是对于 Facebook 的应用也仅限于 index box，因此 Canssandra 没有太多大规模数据访问成功的案例，index box 对于 facebook 来说也不是比较核心的基础架构，后来 Twitter 虽然对 Canssandra 寄予厚望，但最终还是放弃了 Canssandra。Canssandra 还有很多运维的相关问题不能得到解决，例如，跟其他工具整合，刷新集群的数据到磁盘可能导致停机情况等。因此 Canssandra 逐渐在 NoSQL 中处于比较边缘的状态。

（2）MongoDB

MongoDB 是现在非常流行的一种 NoSQL，具有操作简便、完全开源免费、灵活的扩展性、弱事务管理等特点。MongoDB 是由 C++编写，这种类似于 C 语言的编程语言使得在底层执行效率更加高效。MongoDB 也是最像关系数据库的 NoSQL，简便、灵活的模式和高性能让国内大多创业公司都选择 MongoDB 作为自己的基础架构。

MongoDB 高性能、高扩展、易部署、易使用等存储解决方案。它的存储结构区别于关系数据库的表：采用类似集合的结构，集合中存放的内容类似表中存放的记录，称为文档，存储的数量不受限制，存放的字段也是自由的，不用事先定义，而传统的关系数据库要修改表结构时不但降低可用性，严重的情况还会停机；可以为对应字段添加索引，加快查询速度，还可以指定索引进行查询；MongoDB 支持强大的聚合工具，可以采用 MapReduce 实现各种聚合任务；采用二进制存储对象，这样更加高效；对远程数据库访问问的良好支持，自动采用分片处理，支持多种语言开发的驱动。

MongoDB 可以很好地支持面向对象的查询，支持传统关系数据库类似的查询功能，也支持建立索引，支持多种语言。MongoDB 可以有多个数据库，每个数据库相对独立。可以分别设置不同的权限进行管理。理论上来讲可以将整个应用系统的所有内容都存放在一个集合中，但是如果系统比较大的话，这不能很方便地管理而且对于数据的操作很复杂，因此，一般会按照业务逻辑划分一些集合分别存放这些数据，不会太关注与传统关系数据库中字段的定义。文档的结构类似于 JSON 的格式，可以有键，键只能是字符串类型，值可以是常用的类型，如整型、布尔型、时间型，也可是嵌套的文档或者是数组类型。

MongoDB 对分布式的支持十分良好，内置了 MapReduce 引擎。可以弹性地扩充数据地管理能力，非常适合高并发的 CRUD 操作。MongoDB 也可以用来做缓存数据库，因为频繁交互数据对于传统数据库可能性能过载，所以让 MongoDB 存放部分数据提升整个数据持久层的相应能力。因为很多 NoSQL 的共性，横向的扩充数据存储能力的 MongoDB 也适合用廉价的基础设施来存储大尺寸低价值的文件，这比利用传统关系数据库存放的成本要降低很多。传统数据库在处理高并发的情况时为了保证严格的一致性，可能会在数据更新时进行锁表等操作，这样如果短时间内大量的请求堵塞在这里将会导致数据库的 I/O 性能急剧降低，MongoDB 弱化了事务的概念，优先保证了可用性和分区容忍，首先将数据读取到内存，然后再尽快去保持数据的一致性而不会导致大量的锁存在导致其他的访问被阻塞在这里。传统数据库大量的表连接操作在数据量非常大的情况下通常会消耗比较大的资源，MongoDB 灵活的字段定义可以让不同的文档有不同的记录。由于 MongoDB 的壮大，各种开源社区提供的相关语言支持也相当完善。

MongoDB 不是万能的，它在 CAP 理论中弱化了一致性，基于 BASE 理论的 NoSQL 在保证一致性方面难以与传统数据库抗衡，因此，银行等对实时修改可见性（即对事务性）要求很高的应用系统暂时不会采用 MongoDB。对于高度优化查询的情况（如商业智能处理）数据仓库可能更适合。还有在需要 SQL 操作数据库的情况，更适合传统关系数据库。

（3）Hadoop

Hadoop 是一个实现了海量分布式存储的基础架构，Hadoop 的底层实现了 HDFS，可以海量存储数据，而对于数据的基本操作性能不会受到影响，可以采用比较廉价的存储方案分布式地存储在集群上，采用比较松散的一致性算法，可以灵活地对海量数据进行流式访问。

对于 Hadoop 的核心就是两点：HDFS、MapReduce。数据存放在计算集群中，通过 MapReduce 运算出 Results，然后存放在 DFS 中。Hadoop 首先将文件拆分成 64 MB 的数据存放到 Hadoop 集群，然后 Hadoop 可靠地在分布式环境下弹性地处理大数据文件。

对数据库的基本操作可以概括为 CRUD。首先 Hadoop 是一个集群，这个集群有一个 MasterNode，还有很多 SlaveNode。客户端首先与主节点 MasterNode 打交道，对于文件的写入，给 MasterNode 发送请求，MasterNode 查看从节点的分配情况，并返回给客户端从节点的地址，然后客户端再将文件分成大小的 Block 文件块，顺序地写入从节点的 DataNode。文件的读取也是客户端首先请求 MasterNode，然后 MasterNode 返回具体的 DataNode 给客户端，然后客户端读取。

对于 MapReduce，可以把它的功能理解成是对于写入文件的归纳，整理成一个结果并存放在 HDFS 的工具。MapReduce 把数据分解成小块存放在 HDFS，然后 Hadoop 可以在存放数据节点之间处理数据。当部分 DataNode 失效时可以让集群之间自动完成数据的复制达到数据一致。

Hadoop 的特点在于高扩展性、高可靠性、高效率、低成本。数据的存储可以达到千兆级别（GB 级），非常适合做大数据处理；高可靠性，因为在部分节点数据失效的情况下也能自动完成数据的备份和恢复，系统保持可用；高效率是可以并行地在不同节点上处理数据；低成本是方便增加节点的方式横向地扩充集群的处理能力，而不是像传统的集群那样纵向地提升服务器，让数据的分布式处理更加廉价，而且 Hadoop 也是开源的，是免费的。缺点是无法得到企业支持的服务保证。HDFS 结构比 SQL 数据库更适合数据存储。

（4）Redis

Redis（Remote Directory Server）也是一种流行的 NoSQL。Redis 类似于 MemerCache，它将数据存放在内存，是一种键值对数据结构，采用 TCP 连接访问数据库，Redis 支持字符串、集合、列表、散列等类型。

Redis 对访问速度的支持非常强大，每秒存取数据达十万次，对于数据的持久化也有相关的支持，可以一边服务一边对数据提供持久化操作。整个过程在异步情况下进行。由于 Redis 支持高速查询和数据持久化，因此 Redis 也经常用于数据缓存和消息队列等应用场景。Redis 提供缓存时间的调整，自动删除相关数据，这样扩展了 Redis 的应用场景。Redis 客户端可以支持多种语言，在 Redis 内部对数据的交互采用相关的命令进行，这可以类比于 SQL 语句。因此 Redis 可以在各式各样的客户端实现，各种客户端分别封装了这些命令，可以使 Redis 的存储更加简单方便，由于其开源的特性也让整个生态更加壮大。

3. NoSQL 数据库面临的挑战

（1）成熟度

对于大多数应用来说，RDBMS 系统是稳定且功能丰富的。相比较而言，大多数 NoSQL 数据库还有很多特性有待实现。

（2）支持度

企业需要的是安心，如果关键系统出现了故障，它们可以获得即时的支持。所有

RDBMS 厂商都在不遗余力地提供良好的企业支持。与之相反，大多数 NoSQL 系统都是开源项目，虽然每种数据库都有那么几家公司提供支持，不过这些公司大多都是小的初创公司，没有全球支持资源，也没有 Oracle、Microsoft 或是 IBM 那种令人放心的公信力。

（3）分析与商业智能

NoSQL 数据库在 Web 2.0 应用时代开始出现。因此，大多数特性都是面向这些应用所需要的。然而，应用中的数据对于业务来说是有价值的，这种价值远远超出了 Web 应用中的 CRUD 操作。企业数据库中的业务信息可以帮助改进效率并提升竞争力，商业智能对于大中型企业来说是个非常关键的 IT 问题。

（4）管理复杂度

NoSQL 的设计目标是提供零管理的解决方案，不过当今的现实却离这个目标相去甚远。现在的 NoSQL 需要很多技巧才能用好，并且需要不少人力、物力来维护。

（5）专业程度

全球有很多开发者，每个业务部门都有熟悉 RDBMS 概念与编程的人。相反，几乎每个 NoSQL 开发者都处于学习模式，这种状况会随着时间的流逝而发生改观。但现在，找到一个有经验的 RDBMS 程序员或是管理员要比 NoSQL 专家容易得到。

NoSQL 数据库正在成为数据库领域的重要力量。如果使用恰当，它会带来很多好处，但企业也应该注意这些数据库的限制与问题。

4．NoSQL 适用的场景

NoSQL 这两年越来越热，尤其是大型互联网公司非常热衷这门技术。但 NoSQL 并不是所有场景都优于关系型数据库。下面介绍使用 NoSQL 的具体场景：

（1）数据库表 schema 经常变化

比如在线商城，维护产品的属性经常要增加字段，这就意味着 ORMapping 层的代码和配置要改，如果该表的数据量超过百万，新增字段会带来额外开销（重建索引等）。NoSQL 在这种情况下可以极大地提升 DB 的可伸缩性，开发人员可以将更多的精力放在业务层。

（2）数据库表字段是复杂数据类型

对于复杂数据类型，如 SQL Sever 提供了可扩展性的支持，像 XML 类型的字段，不管是查询还是更改效率都一般。主要原因是 DB 层对 XML 字段很难建立高效的索引，应用层也要进行从字符流到 dom 的解析转换。NoSQL 以 JSON 方式存储，提供了原生态的支持，在效率方面远远高于传统关系型数据库。

（3）高并发数据库请求

此类应用常见于 Web 2.0 网站，很多应用对于数据一致性要求很低，而关系型数据库的事务以及大表的连接反而成了"性能瓶颈"。在高并发情况下，SQL 与 NoSQL 的性能对比由于环境和角度不同一直是存在争议的，并不是说在任何场景，NoSQL 总是会比 SQL 快。

（4）海量数据的分布式存储

海量数据的存储如果选用大型商用数据，如 Oracle，那么整个解决方案的成本非常高。NoSQL 分布式存储，可以部署在廉价的硬件上，是一个性能价格比非常高的解决方案。Mongo 的 auto-sharding 已经运用到生产环境。

并不是说 NoSQL 可以解决一切问题，像 ERP 系统、BI 系统，大部分情况下还是推荐使用传统关系型数据库。主要原因是此类系统的业务模型复杂，使用 NoSQL 将增加系统的维护成本。

5. NoSQL 的优势

（1）易扩展

NoSQL 数据库种类繁多，但是一个共同特点是去掉关系数据库的关系型特性。数据之间无关系，这样就非常容易扩展。无形之间在架构的层面上带来了可扩展的能力。

（2）大数据量，高性能

NoSQL 数据库都具有非常高的读/写性能，在大数据量下，表现同样优秀。这得益于它的无关系性，数据库的结构简单。一般 MySQL 使用 Query Cache，每次表的更新 Cache 就失效，是一种大粒度的 Cache，针对 Web 2.0 交互频繁的应用，Cache 性能不高。而 NoSQL 的 Cache 是记录级的，是一种细粒度的 Cache，所以 NoSQL 在这个层面上来说性能高很多。

（3）灵活的数据模型

NoSQL 无须事先为要存储的数据建立字段，随时可以存储自定义数据格式。而在关系数据库中，增加或删除字段是一件非常烦琐的事情。如果是大数据量的表，增加字段不是那么容易。这在 Web 2.0 时代尤其明显。

（4）高可用

NoSQL 在不太影响性能的情况，就可以方便地实现高可用的架构。如 Canssandra、HBase 模型，通过复制模型也能实现高可用。

NoSQL 数据库的出现，弥补了关系型数据库（如 MySQL）在某些方面的不足，在某些方面能极大地节省开发成本和维护成本。关系型数据库和 NoSQL 都有各自的特点和使用的应用场景，两者的紧密结合将会给 Web 2.0 的数据库发展带来新的思路。让关系数据库关注在关系上，NoSQL 关注在存储上。

2.5 管理层

云管理层是云最核心的部分。与过去的数据中心相比，云最大的优势在于云管理的优越性。云管理层也是前面 3 层云服务的基础，并为这 3 层提供多种管理和维护等方面的功能和技术。如图 2-2 所示，云管理层共有 9 个模块，而且这 9 个模块可分为 3 层，分别是用户层、机制层和检测层。

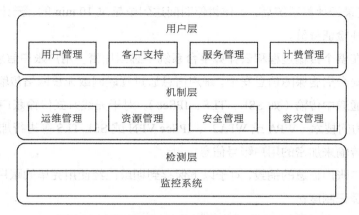

图 2-2 云管理层架构

2.5.1 账号管理技术

在云计算系统账号管理方面，可通过对云计算用户账号进行集中维护管理，为实现云计算系统的集中访问控制、集中授权、集中审计提供可靠的原始数据。

云计算用户账号访问控制需要遵循"业务需要"原则，严格控制访问和使用用户账户信息，任何云计算用户都只能访问其开展业务所必需的账户信息，防止未经授权擅自对账户信息进行查看、篡改和破坏。

应至少采用口令、令牌（如 Secure ID、证书等）、生物特征中的一种方式验证访问账户信息的人员身份。分配唯一的用户账号给每个有权访问账户信息的系统用户，并采取以下管理措施：

① 在添加、修改、删除用户账号或操作权限前，应履行严格的审批手续。

② 用户间不得共用同一个访问账号及密码。

③ 对用户密码管理采取下列措施，降低用户密码遭窃取或泄露的风险。

④ 对不同用户账号设置不同的初始密码。用户首次登录云计算系统时，应强制要求其更改初始密码。

⑤ 用户密码长度不得少于 6 位，应由数字和字符共同组成，不得设置简单密码。

⑥ 云计算系统强制要求用户定期更改登录密码，修改周期最长不得超过 3 个月，否则将予以登录限制。

⑦ 对密码进行加密保护，密码明文不得以任何形式出现。

⑧ 重置用户密码前必须对用户身份进行核实。

⑨ 用户账号登录控制。

⑩ 云计算系统登录若连续失败达到 5 次，应暂时冻结该用户账号。经云计算系统管理员对用户身份验证并通过后，再恢复其用户状态。

⑪ 用户登录云计算系统后，工作暂停时间达到或超过 10 min 的，云计算系统应要求用户重新登录并验证身份。

用户账号在整个传输过程和云计算平台系统中必须加密。用户账户信息传输过程中，需采取足够的安全措施保障信息安全。账户信息通过互联网或无线网络传输时，必须进行加密或在加密通道中传输（如 SSL、TLS、IPSec）。对于无线方式传输账户信息的，应使用 Wi-Fi 保护访问技术（WPA 或 WPA2）、IPSec VPN 或 SSL/TLS 等进行加密保护。禁止通过电子邮件传输未加密的用户账号信息。

云计算用户账户信息的销毁，对于以下保存到期或已经使用完毕的账户信息，均应建立严格的销毁登记制度：

① 因业务需要存储使用的账号信息、有效期、身份证件号码。

② 纸张、光盘、磁带及其他可移动的数据存储载体等介质中存储的账户信息。

③ 报废设备或介质中存储的账户信息。

④ 其他超过保存期限需销毁的账户信息。

用户账户信息的销毁应符合以下要求：

① 对于所有需销毁的各类云计算账户信息，应在监督员在场商务情况下及时妥善销毁。

② 对于不同类别账户信息的销毁，应分别建立销毁登记记录。销毁记录至少应包括使用人、用途、销毁方式与时间、销毁人签字、监督人签字等内容。

2.5.2 SLA 监控技术

SLA（Service Level Agreement，服务等级协议）是关于网络服务供应商和客户间的一份合同，其中定义了服务类型、服务质量和客户付款等术语。SLA 的协定有一个很重要的关注点，即 SLA 的"可测量性"与"测量方法"，有一些运维服务商与客户协商一些复杂的指标，但这些指标在合同周期内是根本无法进行测量的，这种 SLA 的协定就丧失了意义，无法测量就意味着根本无法知道执行情况、无法计算执行结果，也无从改善与控制，这是一方面；当我们确定了一些指标后，这些指标的计算方法与测量方法也是需要注意的，这些要与客户商定清楚，避免最后的测量方法双方不一致，导致最终的达成结果出现偏差而发生纠纷。

一个完整的 SLA 同时也是一个合法的文档，包括所涉及的当事人、协定条款（包含应用程序和支持的服务）、违约的处罚、费用和仲裁机构、政策、修改条款、报告形式和双方的义务等。同样服务提供商可以对用户在工作负荷和资源使用方面进行规定。

传统上，SLA 包含了对服务有效性的保障，譬如对故障解决时间、服务超时等的保证。但是，随着更多的商业应用在 Internet 的广泛开展，越来越需要 SLA 对性能（如响应时间）做出保障。实际上，SLA 的保障是以一系列的服务水平目标（SLO）的形式定义的。服务水平目标是一个或多个有限定的服务组件的测量的组合。一个 SLO 被实现是指那些有限定的组件的测量值位于限定范围中。SLO 有所谓的操作时段，在这个时间范围内，SLO 必须被实现。但是由于 Internet 的统计特性，不可能任何时候都能实现这些保障。因此，SLA 一般都有实现时段和实现比例。实现比例被定义为 SLA 必须实现的时间与实现时段的比值。例如，在工作负荷小于 100 transaction/s 的前提下，早上 8 点到下午 5 点服务响应时间小于 85 ms，服务有效率大于 95%，在一个月内的总体实现比例大于 97%。

云计算 SLA 是对服务提供商所提供的云服务质量和服务等级进行阐述和明确的法律文本。对于服务提供商来说，可以依据云计算 SLA 来优化使用其基础设施以提供用户所需要的云计算服务。对于云服务用户来说，可以依据云计算 SLA 来确保自己能够享受到云服务提供商所承诺的服务质量和服务等级，从而来保障用户的权益。对于云计算 SLA，分别从业务提供商和用户双方需求的角度来看，需要在 SLA 文本中明确或者满足以下几点需求：

① 对业务进行清晰的描述，以便于用户能够容易地理解和完成对业务的操作等。

② 说明业务提供商所提供业务的服务等级。

③ 定义对业务参数进行监控的具体方式以及监控报告的格式。

④ 说明在业务提供商不能提供业务时所需要承担的责任。

⑤ 说明计费等具体的业务参数等。

1. 云计算业务相关的 SLA 应用

依据云计算服务所涉及的用户数据离线存储、即时支付的收费模式和用户所需资源的可弹性变化等独特特点，在云计算业务相关的 SLA 中应该包括如下几个方面：

（1）可用性

在云计算中，可用性（Availability）是最重要的服务质量衡量指标。可用性指的是在所需要资源得到保证的前提下，云计算服务提供商能够在规定的条件下，在给定的时间间隔内，依据之前签订的云服务 SLA 向用户提供相应云计算服务的能力。

（2）可测量性

在云计算的服务模式中，用户只须对其所使用到的相关云服务进行付费。可测量性（Scalability）指的是云计算服务提供商能够以某种度量单位对其所提供给用户的各种云服务进行度量，以便能够根据所测量的业务消费数量向用户收取适当的费用。对所提供服务进行度量，是云计算服务提供商提高收入、优化资源配置的有效手段。

（3）成本计算

所谓成本计算（Cost Calculation），指的是以何种方式对使用云计算服务的用户进行收费。在云计算中，用户都希望在使用服务时才付费，因此按年或者按季度的收费模式不适合云计算服务提供商。而且，云计算服务是一个集成的概念，其中还包括诸多可细分的业务类型，而对于这些不同类型的业务模式，也需要针对业务的不同特点采取不同的收费方式收取费用。如存储服务适合按照存储的时间和存储内容的大小来收费，而对基于云计算的 CRM 业务，则适合基于用户数量进行费用的计量和收取。

（4）业务配置

在云计算中，需要保证用户能够通过一种简洁方便的方式，以最少的操作工作量完成基于虚拟机的业务配置（Configuration of Service）和业务执行等具体的操作工作。

（5）安全与隐私

数据安全和隐私信息保护，是困扰云计算用户的最大问题。如何保证用户存储在云计算业务提供商数据中心的用户数据的安全，是云计算业务提供商首要解决的问题。

2. SLA 服务标准分为类

（1）紧急情况

当网站发生服务器死机、数据库无法读写等一级紧急事件时，网站维护方应当在 1h 内响应，2h 内协助解决该情况。并在因外部原因无法立即解决时（如服务器所在机房受到黑客攻击，服务器硬盘读/写失败等事件），向客户报告情况并提出具体解决的时间。成熟的网站建设公司对于紧急情况通常都会有一套完善的应急解决方案，帮助客户及时解决突发事件，最大程度地挽救因网站无法访问导致的损失。

（2）重要情况

网站正式上线后，也许会出现验收过程中没有察觉的 Bug，此时建站企业应当积极协助客户解决该 Bug，具体的响应时间根据 Bug 造成的影响程度而定。根据 SLA 服务标准，Bug 的等级也可进行进一步的划分并制订相应的解决方案，这里不再赘述。

（3）标准情况

在网站设计和网站编码阶段，因设计师和程序员协作环节的不一致性，有可能出现网页的样式问题和兼容性问题，以及客户临时需求的变更和新增，都会对正式运行的网站产生新的维护需求。按照需求的难易性和工作量制定相应的响应标准，是保证客户满意度的关键所在，也是 SLA 服务标准体系中的重要环节。

（4）次要情况

包括页面上一些细节的调整，如文字、样式的调整，图片的更替等，通常在 24 h 内响应，在双方商议的时间内进行解决即可。SLA 服务体系的出发点是为 IT 服务提供完善、标准、科学的解决方案，任何忽略细节的处理方式都有可能影响客户满意度。

对于许多 IT 经理人来说，评估 SLA 是不容易的。毕竟大多数的 SLA 都是一些条款形式的内容，人们很难确定某个运营商实际能够提供哪些服务。而且 SLA 的提出主要是为了保护运营商的利益，而不是针对客户，这使整个事情变得更为复杂。许多运营商提供SLA 主要是为了避免一些不必要的纠纷和诉讼，同时提供给客户最小限度的保证。也就是说，当其企业选择了一个云运营商并且对那些服务进行有效的安排之后，SLA 同样能够成为一种有效的工具。

IT 经理需要关注 SLA 的 3 个方面：数据保护、连续性和费用开销。毋庸置疑，数据保护是最需要关注的一个要素。IT 经理人需要确认谁有权使用这些数据，刚开始确定数据保护的级别似乎很容易，但仍有很多隐藏的问题，IT 经理人必须查出这些问题并解决它们。

这些问题进一步的升级就涉及知识产权保护问题。所有的问题最后都归结为谁最终能够控制客户的这些私有数据。

一个 IT 经理人需要明白如何利用运营商的基础构架和服务来为那些必须的应用和数据提供连续不断的保护。业务不间断性非常重要，最理想的情形是运营商保证提供 100% 的不间断服务，但实际上这样的保证是不可能实现的。

所有的服务提供商都会经历在某一时刻死机的情况，因为会有很多超出控制范围的情况发生，包括自然灾害以及社会生活中发生的一些不确定因素。大部分的服务提供商最多能够给予 99.5%正常运行时间的保证，但这些保证通常还附带另外一些限制条件。即便如此，运营商也应尽力保证这些服务在一个可接受的层次范围之内。

一些运营商都将价格要素包含在 SLA 中，其余的则将这些费用放置在一些独立的合同条款中。不管怎样，IT 经理人必须明白这些费用都包含在基于云的服务中。

找到这些问题的答案并牢记以上要点能够帮助 IT 经理人做出一些有理有据的决定。当他们选择一个服务提供商并且打算和提供商建立长期合作时，这些决定能够同时保证服务的有效以及可靠。所有这些归结起来都是为了简化关于 SLA 的描述，并给大家提供 SLA 的一个通俗概念。

没有人能够确定所有与企业防火墙外机密或私有信息存储（云计算）相关的法律风险。但是，越来越多的舆论认为，企业用户应当要求云计算供应商来维护一个安全的 IT 环境，以规避与云计算相关的潜在法律风险。一般来说，与云计算相关的关注领域类似于传统 IT 的关注领域：

① 传输与存储期间的数据安全。
② 数据的私密性和保密。
③ 一般访问、地方政府访问以及电子查询的权利。
④ 数据所有权。
⑤ 服务的暂停与终止。
⑥ 与云计算供应商共同协商和制定服务等级协议。

因为许多领先的云计算供应商是拥有更为庞大客户群的实体，SLA 的处罚细节并不总是通过谈判就能解决的。因此，应当考虑的第一个问题是，是否愿意把贵公司的数据放到一个无法掌控的环境中。如果对此感到无所适从，建议与某个供应商共同讨论服务条款细节。

① 可以考虑优先级的数据存储。通过首先迁移非核心数据，许多企业开始了云计算化的实施。这个策略可使它们试用这一服务，并确定该服务是否具有成本效益而不会担心影响核心业务功能。例如，一个刚刚接触云计算技术的律师事务所可能会决定，在把特殊机密的客户信息迁往标准网络防火墙外之前，可以尝试先把后台管理系统信息（如薪金、雇员福利）放置在云中。

② 要求敏感数据驻留在私有云中。既然云计算的目的在于通过设施共享实现规模经济效益，那么这可能并不是一个合适的定义。但是，有可能出现这样的场景，即使用专用云计算基础设施才是有意义的。如果信息特别敏感，可能需要云计算供应商提供额外的保护。

③ 处理云计算供应商所有权变更的规定。云计算市场总是出于快速的变化中，用户可能需要在 SLA 中增加所有权变更或不可转让的条款。在这样的规定中，用户可能需要澄清云计算供应商永远不得拥有委托他们管理的数据，即便在决定更换供应商时。

④ 关于发生灾难事件时业务连续性的规定。需要知道在发生地震、海啸或其他自然灾害事件时对数据的影响。除了这些条款之外，可能还需要增加传统的 IT 外包合同条款，其中包括已逐渐习惯的电子查询和违犯处罚，诸如：

a. 基于预定义标准——内容、发件人和/或收件人、日期范围和元数据的搜索；

b. 与任意元数据相关的存储搜索。

c. 从搜索结果中新增和删除，以创建一个电子查询集。

3. 云计算服务等级协议检测

云计算市场持续增长，企业关注的不仅是云服务的可用性，它们更想知道厂商能否为终端用户提供更好的服务。因此，企业更关注服务等级协议，即是 SLA，并需要监控 SLA 的执行情况。SLA 监测办法有以下 6 种：

（1）轻松监控 SLA 的先决条件

签署 SLA，会有以下形式：IaaS、PaaS 和 SaaS，分别是基础设施即服务、平台即服务和软件即服务。企业应该确保它们能对所有签署的 SLA 进行监控。

比如，IT 托管服务商景安网络使用多种工具来监控 SLA 和基础设施的可用性。这些工具能够监控性能和基础设施、容量的健康状况趋势，并做出报告。

（2）第三方监控

审计是很重要的一步，能够确保安全，保证 SLA 的承诺和责任归属，保持需求合规。企业可以用第三方监控。如果企业在云中运行关键业务的应用，这项服务应该保持定期审查，确保合规，督促厂商与 SLA 步调一致。

（3）转换 SLA，帮助整个业务成果

尽管云计算市场正在迅猛增长，但中小企业的 IT 大多都不够成熟，不足以支撑基于基础设施的 SLA 来义务帮助其发展。企业应该选择最适合业务需求的 SLA，而不是匆忙签署协议。

如果企业操之过急，直接选择基础设施级别的 SLA，可能会给公司内部产生很多花费。比如，某企业想要 99.999% 的高可用性，服务商会提供更多冗余和灾难恢复，结果花费大幅提高。

当聚焦于节俭型业务级别 SLA 时，云计算 SLA 监控应该具有逻辑性和可行性，而不只是基础设施级别的 SLA。

（4）确保告警装置

为了让 SLA 监控更高效，需要确保可用性和责任时间通过 Web portal 定期报告。企业应该保证及时的 E-mail 告警。

（5）确保厂商有高效的后备设施

不同的厂商对于数据保护的系统也不同。但是有的厂商会把该职责推给客户，导致客户只能自行保护数据。因此企业应该确定服务商在签署 SLA 时，是否对此负有责任。

（6）确保服务商的生态系统

选择厂商时，要看看它的生态系统是否整合了 ISP、IaaS/PaaS 供应商。如果一个云供应商只关注单一的基础设施级别或者 PaaS，而不关注其他，则不适合长远发展。

对于云管理即服务，第三方解决方案可以考虑用来进行云 SLA 监控，它能以每秒为单位检查问题。

关于云计算 SLA 的研究正处于起步阶段。除比较成熟的云计算服务提供商如 Google、Amazon、Salesforce 等，由于推送各自云服务产品的需要，已经在实际中有可以执行的关于云服务 SLA 协议，互联网云计算研究领域也开始关注云计算 SLA 相关内容的研究和讨论。而随着云计算应用的推广，用户因为自身利益的考虑，也越来越重视与服务提供商之间的服务等级协议。

2.5.3　计费管理技术

云计算发展到现阶段，还处在一个商业化的初级阶段，大部分的云服务提供商提供免费的云服务体验。在商业化上，比较成功的是 Amazon 和 saleforce.com 两家大公司，都已经进入盈利阶段，UBS（United Bank of Switzerland, 瑞士联合银行集团）分析师 Brian Pitz 和 Brian Fitzgerald 预测，Amazon 的 AWS（Amazon Web Service）部门 2016 年的销售收入达到 8 亿美元，2017 年的销售收入达到大约 9.50 亿美元。而 Google App Engine 还没有实现真正的盈利。云计费将成为云计算商业化的催化剂，成熟、灵活的云服务计费机制将决定用户的去留。服务供应商如何根据市场需求，以便确定资源的数量和价格，以使收入增加而成本最小化。在市场上，定的价格高于市场价，销量就会降低；低于市场价就会销量增加。直接的开销就是服务器、网络、设备，间接的开销就是供电、冷却系统、营业执照。采用适当的云系统规模，就可以使利润最大化。建立了一个经济模型：基于收益、开销，以及实时计算对消费者提供的资源进行收费。

目前商业化的云平台中只有少数几个实现了计费机制，如 Amazon 的 AWS 和 Google 的 GAE 平台等，这些平台的计费机制由于各自平台的不同特点而有很大的不同，而且还有待改进和完善。云计费的先行者 zuora 提出云计算供应商若不能解决计量、定价和收费等新商业模式的核心问题，云将永远无法释放它的全部潜力。为此，人们对云计费有了更直观、深刻的了解。收费就要研究用户的支付偏好，满足不同用户的不同要求。

在传统互联网模式下，服务提供商主要提供的是接入服务、网络原始信息的内容服务、对信息进行加工处理和集成服务、内容集成服务和专业门户网站服务。其中只有接入服务和少数的专业服务是收费的，因为大部分传输信息没有增值过程。网络资源的有限性，只有通过对网络收费的机制才能使稀缺的网络资源得到优化和效益最大化。网络运营商计费只考虑与网络传输有关的因素，如流量、带宽等，但随着增值业务的出现，简单的流量计费已经无法度量服务的价值，开始出现基于内容计费的机制。传统模式下的计费主要关注网络运营商与最终用户、网络运营商与网络运营商用户，网络运营商对最终用户采取的计费方式有包月制、按时长计费和按流量计费。

现在云计算服务模式 IaaS 以 Amazon 的 EC2 为代表主要提供基础设施租赁；PaaS 以 Google App Engine、Microsoft Windows Azure 和 force.com 为代表；而 SaaS 则以 saleforce.com 为代表。SaaS 服务模式采用多租户的技术来降低软件部署费用，主要采用的是订阅式计费机制，由于其重心在于服务的定价问题上，不属于技术范围内，所以不着重介绍 SaaS 平台的计费机制。下面从计量方面介绍几种主要商业云计算服务的计费机制。

（1）Amazon 的 EC2 的计费机制

Amazon 的 EC2 提供的是云计算环境下的 IaaS 服务平台，以出租基础设施给用户。在这个平台上，用户可以构建自己的实例，利用 Amazon 提供的各种应用接口按照自己的需求随时创建、增加或删除实例。通过配置实例数量可以保证计算能及时随着通信量的变化而变化。实例就是在用户创建 AMI（Amazon Machine Image）后实际运行的系统，AMI 是一个可以将用户的应用程序、配置等打包的加密机器映像。

通过对 Amazon 的 AWS（Amazon Web Service）的服务方式和系统资源的分析来计量平台的收费资源，可以从实例、数据传输量、EBS（Elastic Block Storage，块存储方案）使用量、弹性 IP 地址、云监控和弹性负载均衡这些服务方面进行计费，分析可以知道它主要采取了 CPU、内存、硬盘、网络流量和带宽等计费因子，其中云监控应该属于 SaaS 计费模式，因为监控软件是以 SaaS 的形式向用户提供的。下面详细讨论 Amazon 的计费服务。

云计算环境下需要灵活的计费机制适应不同的应用场景以满足用户的需求。Amazon 为了满足不同用户的需求，如表 2-1 所示，提供了不同性能的虚拟机，满足不同用户对性能的要求。实例在用户应用时有 3 种使用方式：按需使用型实例（On-Demand Instance）、预留型实例（Reserved Instance）和即时型实例（Spot Instance）。按需使用型按小时计费，适合于使用不是很频繁的用户；预留型实例需要事先支付一定的费用进行预留，这适合于长期使用的用户；即时型实例采用竞价的形式使用 Amazon 的资源，用户在达到竞价标准就可以使用资源，反之又要重新竞价，这类似于传统模式下智能市场计费策略。Amazon 采取价格差异对不同类型计费，同时也对不同的使用方式采取不同的价格。

表 2-1　实例类型及其相关配置

资　　源	Small	Large	Extra Large	High-CPU Medium	High-CPU Extra Large
平台	32 位	64 位	64 位	32 位	64 位
CPU	1ECU	4ECU	8ECU	5ECU	20ECU
内存	1.7 GB	1.7 GB	1.7 GB	1.7 GB	1.7 GB
存储容量	160 GB	850 GB	1690 GB	350 GB	1690 GB
实例类型名	m1.small	m1.large	m1.xlarge	c1.medium	c1.xlarge

数据传输计费主要考虑两个方面：传入数据量和传出数据量（内部网络与外部网络之间的数据传输）。传入数据量采取固定价格进行计费，而传出数据量采用每月最先 1 GB 的流量免费之后用得越多越便宜的策略。在平台内部网络中，数据在同一可用区域之内传送不计费，在不同的地域区域视 Internet Data 计费。ESB（EnterPrise Service Bus，企业服务总线）为用户提供数据存储，其实就是以硬盘为计费因子，由于用户独占性的特点，采用时长和用量综合计费的策略，这是基于用量计费的原则。

（2）Google App Engine 的计费机制

Google App Engine 是 Google 提供的一个 PaaS 的云计算平台。目前的计费标准如表 2-2 所示。从表中可以看出，带宽和存储都是以大尺度的千兆字节为单位，单价也是固定的。而 CPU 则是以大尺度的小时作为计算，这样计费简单方便。Google App Engine 上部署的是一些网络应用程序，主要有 CMS、BBS、Blog、Twitter、网店和工具等。与多媒体应用大流量的服务相比，这些应用流量相对较小，不会对网络负载造成很大的威胁，但带宽在短时间内总是有限的，应该采用价格机制来有效地分配资源。CPU 处理请求的总处理时间包括运行应用程序和执行数据存储区的操作所花的时间，CPU 时间以 "秒" 为单位报告，它等于 1.2 GHz Intel x86 处理器在该时间量中能够执行的 CPU 周期数，CPU 的使用量是从小尺度的 CPU 周期来计量的，从用户方面来说很公平，是基于用量计费的原则。数据存储的计费如同 Amazon 的 EC2 一样，采用按时长和用量综合计费。

Google App Engine 为了实行灵活的计费机制，可以允许用户对每日愿意购买的资源预算，每项资源按照收费配额和固定配额进行测量，收费配额即用户自定义的每日最大资源使用量，而固定配额则是 App Engine 设置的资源最大值，用来保证系统的完整性，保证用户之间的公平竞争资源。在平台中应用及参数暂无计费，但为了保证系统的稳定性，对它们每日的使用量或最大速率进行限制（免费和付费的限制范围不同）。App Engine 上的网络应用程序都是支持并发访问的,为了防止应用程序短时间耗尽配额来满足它的负载要求,需要从小尺度的时间请求量限制达到控制应用程序的行为,保证了不同用户在短时间内对资源的要求和系统的安全。除了安全方面的考虑,平台还考虑了伸缩特性,因此所占空间处于比较低的状态的应用能够非常方便地通过复制应用来实现伸缩。

表 2-2 Google App Engine 的收费标准

资　　源	单　　位	单　　价
传出带宽	千兆字节	50.12
传入带宽	千兆字节	50.10
CPU 时间	CPU 小时数	50.10
存储数据	千兆字节每月	50.15
接受电子邮件的收件人	收件人	50.0001

（3）3 种模式商业平台计费的比较

SaaS、PaaS 和 IaaS 3 种模式之间,越往上走,平台对底层资源的使用就越透明,云服务就越彻底,使用越来越方便和灵活。从用户角度来看,用户更关心服务的体验和质量,而对资源的使用不关心。从云服务提供商角度来看,希望底层资源对用户越透明越好,这样给用户的感觉就是只需要对他使用的服务进行付费。

云计算已经成为下一代 IT 的发展趋势,灵活、完善的计费机制将更加促进云计算的商业应用,拉近与大众的距离。通过对云计算计费机制的研究发现,目前大多数商业应用平台的计费机制还不是很完善,有待改进。未来云计算发展的趋势可能像传统的电信行业的产业链的形成方式一样,基础设施由巨头公司垄断,而其他云服务提供商则租用其设施搭建自己的 PaaS 和 SaaS 平台,而不是每种模式都有自己的基础设施。云计费的重要性将随着云市场的繁荣而凸显出来。

2.5.4 安全管理技术

根据 IDC（互联网数据中心）发布的一项调查报告显示,云计算服务面临的前三大市场挑战分别为服务安全性、稳定性和性能表现。该三大挑战排名与 IDC 在 2016 年进行的云计算服务调查结论完全一致。2016 年 11 月,Forrester Research 公司的调查结果显示,有 51%的中小型企业认为安全性和隐私问题是他们尚未使用云服务的最主要原因。由此可见,安全性是客户选择云计算时的首要考虑因素。云计算由于其用户、信息资源的高度集中,带来的安全事件后果与风险也较传统应用高出很多。在 2016 年,Google、Microsoft、Amazon 等公司的云计算服务均出现了重大故障,导致成千上万客户的信息服务受到影响,进一步加剧了业界对云计算应用安全的担忧。

1. 云计算安全面临的问题

云计算特有的数据和服务外包、虚拟化、多租户和跨域共享等特点,带来了前所未有的安全挑战。在现有已经实现的云计算服务中，安全问题一直令人担忧。客户对云计算的安全性和隐私保密性存在质疑，企业数据无法安全方便地转移到云计算环境等一系列问题，导致云计算的普及难以实现。安全和隐私问题已经成为阻碍云计算普及和推广的主要因素之一。

（1）虚拟化安全问题

利用虚拟化带来的可扩展有利于加强在基础设施、平台、软件层面提供多租户云服务的能力，然而虚拟化技术也会带来安全问题。如果主机受到破坏，主要的主机所管理的客户端服务器有可能被攻克；如果虚拟网络受到破坏，客户端也会受到损害；需要保障客户端共享和主机共享的安全，因为这些共享有可能被不法之徒利用其漏洞；如果主机有问题，所有的虚拟机都会产生问题。

（2）数据集中后的安全问题

用户的数据存储、处理、网络传输等都与云计算系统有关。如何保证云服务提供商内部的安全管理和访问控制机制符合客户的安全需求；如何实施有效的安全审计，对数据操作进行安全监控；如何避免云计算环境中多用户共存带来的潜在风险都成为云计算环境所面临的安全挑战。

（3）云平台可用性问题

用户的数据和业务应用处于云计算系统中，其业务流程将依赖于云计算服务提供商所提供的服务，这对服务商的云平台服务连续性、SLA 和 IT 流程、安全策略、事件处理和分析等提出了挑战。另外，当发生系统故障时，如何保证用户数据的快速恢复也成为一个重要问题。

（4）云平台遭受攻击的问题

云计算平台由于其用户、信息资源的高度集中，容易成为黑客攻击的目标，因拒绝服务攻击造成的后果和破坏性会明显超过传统的企业网应用环境。

（5）法律风险

云计算应用地域性弱、信息流动性大，信息服务或用户数据分布在不同地区甚至不同国家，在政府信息安全监管等方面就可能存在法律差异与纠纷。同时，由于虚拟化等技术引起的用户间物理界限模糊而可能导致的司法取证问题也不容忽视。

实际上，对于云计算的安全保护，通过单一的手段是远远不够的，需要有一个完备的体系，涉及多个层面，需要从法律、技术、监管三个层面进行。传统安全技术，如加密机制、安全认证机制、访问控制策略通过集成创新，可以为隐私安全提供一定支撑，但不能完全解决云计算的隐私安全问题。需要进一步研究多层次的隐私安全体系（模型）、全同态加密算法、动态服务授权协议、虚拟机隔离与病毒防护策略等，为云计算隐私保护提供全方位的技术支持。由此可见，云计算环境的隐私安全、内容安全是云计算研究的关键问题之一，它为个人和企业放心地使用云计算服务提供了保证，从而可促进云计算持续、深入的发展。

2. 云计算安全的关键技术

云计算安全的关键技术有可信访问控制、密文检索与处理、数据存在与可使用性证明、数据隐私保护、虚拟安全技术、云资源访问控制、可信云计算 7 个方面。

（1）可信访问控制

在云计算模式下,研究者关心的是如何通过非传统访问控制类手段实施数据对象的访问控制。其中得到关注最多的是基于密码学方法实现访问控制,包括基于层次密钥生成与分配策略实施访问控制的方法、利用基于属性的加密算法（如密钥规则的基于属性加密方案或密文规则的基于属性加密方案、基于代理重加密的方法、在用户密钥或密文中嵌入访问控制树的方法等。

（2）密文检索与处理

数据变成密文时丧失了许多其他特性,导致大多数数据分析方法失效。密文检索有两种典型的方法:一是基于安全索引的方法,通过为密文关键词建立安全索引,检索索引查询关键词是否存在;二是基于密文扫描的方法,对密文中每个单词进行比对,确认关键词是否存在以及统计其出现的次数。由于某些场景（如发送加密邮件）需要支持非属主用户的检索,Boneh 等人提出支持其他用户公开检索的方案。密文处理研究主要集中在秘密同态加密算法设计上。早在 20 世纪 80 年代,就有人提出多种加法同态或乘法同态算法。但是由于被证明安全性存在缺陷,后续工作基本处于停顿状态。IBM 研究员 Gentry 利用"理想格"的数学对象构造隐私同态算法,或称全同态加密,使人们可以充分地操作加密状态的数据,在理论上取得了一定突破,使相关研究重新得到研究者的关注,但与实用化仍有很长的距离。

（3）数据存在与可使用性证明

由于大规模数据所导致的巨大通信代价,用户不可能将数据下载后再验证其正确性。因此,云用户需要在取回很少数据的情况下,通过某种知识证明协议或概率分析手段,以高置信概率判断远端数据是否完整。典型的工作包括面向用户单独验证的数据可检索性证明（POR）方法、公开可验证的数据持有性证明（PDP）方法、NEC 实验室提出的 PDI 方法,改进并提高了 POR 方法的处理速度以及验证对象规模,且能够支持公开验证。

（4）数据隐私保护

云中数据隐私保护涉及数据生命周期的每一个阶段。Roy 等人将集中信息流控制（DIFC）和差分隐私保护技术融入云中的数据生成与计算阶段,提出了一种隐私保护系统 airavat,防止 map reduce 计算过程中非授权的隐私数据泄露出去,并支持对计算结果的自动除密。在数据存储和使用阶段,Mowbray 等人提出了一种基于客户端的隐私管理工具,提供以用户为中心的信任模型,帮助用户控制自己的敏感信息在云端的存储和使用。

Munts-Mulero 等人讨论了现有的隐私处理技术，包括 K-匿名、图匿名以及数据预处理等，作用于大规模待发布数据时所面临的问题和现有的一些解决方案。Rankova 等人则提出一种匿名数据搜索引擎，可使交互双方搜索对方的数据，获取自己所需要的部分，同时保证搜索询问的内容不被对方所知，搜索时与请求不相关的内容不会被获取。

（5）虚拟安全技术

虚拟技术是实现云计算的关键核心技术，使用虚拟技术的云计算平台上的云架构提供者必须向其客户提供安全性和隔离保证。Santhanam 等人提出了基于虚拟机技术实现的 grid 环境下的隔离执行机。Raj 等人提出了通过缓存层次可感知的核心分配，以及给予缓存划分的页染色的两种资源管理方法实现性能与安全隔离。这些方法在隔离影响一个 VM 的缓存接口时是有效的，并整合到一个样例云架构的资源管理（RM）框架中。Wei 等人关注了虚拟机映像文件的安全问题，每一个映像文件对应一个客户应用，它们必须具有高完整性，且需要可以安全共享的机制。所提出的映像文件管理系统实现了映像文件的访问控制、来源追踪、过滤和扫描等，可以检测和修复安全性违背问题。

（6）云资源访问控制

在云计算环境中，各个云应用属于不同的安全管理域，每个安全域都管理着本地的资源和用户。当用户跨域访问资源时，需在域边界设置认证服务，对访问共享资源的用户进行统一的身份认证管理。在跨多个域的资源访问中，各域有自己的访问控制策略，在进行资源共享和保护时必须对共享资源制定一个公共的、双方都认同的访问控制策略，因此，需要支持策略的合成。Mclean 提出了一个强制访问控制策略的合成框架，将两个安全格合成一个新的格结构。策略合成的同时还要保证新策略的安全性，新的合成策略绝不能违背各个域原来的访问控制策略。Gong 提出了自治原则和安全原则。Bonatti 提出了一个访问控制策略合成代数，基于集合论使用合成运算符来合成安全策略。Wijesekera 等人提出了基于授权状态变化的策略合成代数框架。Agarwal 构造了语义 Web 服务的策略合成方案。Shafiq 提出了一个多信任域 RBAC 策略合成策略，侧重于解决合成的策略与各域原有策略的一致性问题。

（7）可信云计算

将可信计算技术融入云计算环境，以可信赖方式提供云服务已成为云安全研究领域的一大热点。Santos 等人提出一种可信云计算平台 TCCP，基于此平台，IaaS 服务商可以向其用户提供一个密闭的箱式执行环境，保证客户虚拟机运行的机密性。另外，它允许用户在启动虚拟机前检验 Iaas 服务商的服务是否安全。Sadeghi 等人认为，可信计算技术提供了可信的软件和硬件以及证明自身行为可信的机制，可以被用来解决外包数据的机密性和完整性问题。同时设计了一种可信软件令牌，将其与一个安全功能验证模块相互绑定，以求在不泄露任何信息的前提条件下，对外包的敏感（加密）数据执行各种功能操作。

云计算是当前发展十分迅速的新兴产业，具有广阔的发展前景，但同时其所面临的安全技术挑战也是前所未有的，需要 IT 领域与信息安全领域的研究者共同探索解决之道。同时，云计算安全并不仅仅是技术问题，它还涉及标准化、监管模式、法律法规等诸多方面。因此，仅从技术角度出发探索解决云计算安全问题是不够的，需要信息安全学术界、产业界以及政府相关部门的共同努力才能实现。

2.5.5 运维管理技术

云计算在企业运营中的基本工作原理是将计算分布在大量分布式计算机中，从而使企业数据中心的运行和互联网更为相似。通过云计算的运维管理，企业不仅能够实现对 IT 资源的统一，根据用户的需求提供可量化的存储服务与计算，而且还能有效地将资源切换到实际需要的应用中，提高了 IT 资源的利用率，降低了系统的成本。从而使云计算在企业运营中能发挥出更大的效力，在当前有着重要的现实意义。

云计算商业模式就是要实现 IT 自服务，无论是对外还是在企业内部，IT 自服务的需求越来越明显。另一方面，超大规模的数据中心急需一个有效的挂历方式来降低运营成本。

在云计算技术体系架构中，运维管理提供 IaaS 层、PaaS 层、SaaS 层资源的全生命周期的运维管理，实现物理资源、虚拟资源的统一管理，提供资源管理、统计、监控调度、服务掌控等端到端的综合管理能力。云运维管理与当前传统 IT 运维管理的不同表现为集中化和资源池化。

云运维管理需要尽量实现自动化和流程化，避免在管理和运维中因为人工操作带来的不确定性问题。同时，云运维管理需要针对不同的用户提供个性化的视图，帮助管理和维护人员查看、定位和解决问题。

云运维管理和运维人员面向的是所有的云资源，要完成对不同资源的分配、调度和监控。同时，应能够向用户展示虚拟资源和物理资源的关系和拓扑结构。云运维管理的目标是适应上述的变化，改进运维的方式和流程来实现云资源的运行维护管理。

1. 云计算运维管理应提供的功能

（1）自服务门户

自服务门户将支撑基础设施资源、平台资源和应用资源以服务的方式交互给用户使用，提供基础设施资源、平台资源和应用资源服务的检索、资源使用情况统计等自服务功能，需要根据不同的用户提供不同的展示功能，并有效隔离多用户的数据。

（2）身份与访问管理

身份与访问管理提供身份的访问管理，只有授权的用户才能访问相应的功能和数据，对资源服务提出使用申请。

（3）服务目录管理

建立基础设施资源、平台资源和应用资源的逻辑视图，形成云计算及服务目录，供服务消费者与管理者查询。服务目录应定义服务的类型、基本信息、能力数据、配额和权限，提供服务信息的注册、配置、发布、注销、变更、查询等管理功能。

（4）服务规则管理

服务规则管理定义了资源的调度、运行顺序逻辑。

（5）资源调度管理

资源调度管理通过查询服务目录，判断当前资源状态，并且执行自动的工作流来分配及部署资源，按照既定的适用规则，实现实时响应服务请求，根据用户需求实现资源的自动化生成、分配、回收和迁移，用以支持用户对资源的弹性需求。

（6）资源监控管理

资源监控管理实时监控、捕获资源的部署状态、使用和运行指标、各类告警信息。

（7）服务合规审计

服务合规审计对资源服务的合规性进行规范和控制，结合权限、配额对服务的资源使用情况进行运行审计。

（8）服务运营监控

服务运营监控将各类监控数据汇总至服务监控及运营引擎进行处理，通过在服务策略及工作请求间进行权衡进而生成变更请求，部分标准变更需求被转送到资源供应管理进行进一步的处理。

（9）服务计量管理

服务计量管理按照资源的实际使用情况进行服务质量审核，并规定服务计量信息，以便于在服务使用者和服务提供者之间进行核算。

（10）服务质量管理

服务质量管理遵循 SLA 要求，按照资源的实际使用情况进行服务质量审核与管理，如果服务质量没有达到预先约定的 SLA 要求，自动进行动态资源调配，或者给出资源调配建议由管理者进行资料的调派，以满足 SLA 的要求。

（11）服务交付管理

服务交付管理包括交付请求管理、服务模板管理、交付实施管理，实现服务交付请求的全流程管理，以及自动化实施的整体交付过程。

（12）报表管理

报表管理对于云计算运维管理的各类运行时和周期性统计报表提供支持。

（13）系统管理

系统管理云计算运维管理自身的各项管理，包括账号管理、参数管理、权限管理、策略管理等。

（14）4A 管理

4A 管理由云计算运维管理自身的 4A 管理需求支持。

（15）管理集成

管理集成负责与 IaaS 层、PaaS 层、SaaS 层的接口实现，为服务的交付、监控提供支持。

（16）管理门户

管理门户面向管理维护人员，将服务、资源的各项管理功能构成一个统一的工作台，实现管理维护人员的配置、监控、统计等功能需要。

云管理的最终目标是实现 IT 能力的服务化供应，并实现云计算的各种特性：资源共享、自动化、按使用付费、自服务、可扩展等。

除上述功能外，在云计算数据中心生命周期中，数据中心运维管理是数据中心生命周期中最后一个，也是历时最长的一个阶段。数据中心运维管理就是：为提供符合要求的信息系统服务，而对与该信息系统服务有关的数据中心各项管理对象进行系统的计划、组织、协调与控制，是信息系统服务有关各项管理工作的总称。数据中心运维管理主要肩负起以下重要目标：合规性、可用性、经济性、服务性四大目标。

2．云计算运维管理的其他内容

由于云计算的要求弹性、灵活快速扩展、降低运维成本、自动化资源监控、多租户环境等特性，除基于 ITIL（Information Technology Intrastructure，信息技术基础架构库）的常规数据中心运维管理理念之外，以下运维管理方面的内容也需要加以重点分析和关注。

（1）理清云计算数据中心的运维对象

数据中心的运维管理指的是与数据中心信息服务相关的管理工作的总称。云计算数据中心运维对象可分成 5 类：

① 机房环境基础设施部分。这里主要指为保障数据中心管理设备正常运行所必需的网络通信、电力资源、环境资源等。这部分设备对于用户来说几乎是透明的，因为大多数用户基本不会关注到数据中心的风火水电。但是，这类设备如发生意外，对依托于该基础设施的应用来说，却是致命的。

② 在提供 IT 服务过程中所应用的各种设备，包括存储、服务器、网络设备、安全设备等硬件资源。这类设备在向用户提供 IT 服务过程中提供了计算、存储与通信等功能，是 IT 服务最直接的物理载体。

③ 系统与数据。包括操作系统、数据库、中间件、应用程序等软件资源；还有业务数据、配置文件、日志等各类数据。这类管理对象虽然不像前两类管理对象那样"看得见，摸得着"，但却是 IT 服务的逻辑载体。

④ 管理工具。包括基础设施监控软件、监控软件、工作流管理平台、报表平台、短信平台等。这类管理对象是帮助管理主体更高效地管理数据中心内各种管理对象，并在管理活动中承担起部分管理功能的软硬件设施。通过这些工具，可以直观感受并考证到数据

中心如何管理好与其直接相关的资源，从而间接地提升可用性与可靠性。

⑤ 人员。包括数据中心的技术人员、运维人员、管理人员以及提供服务的厂商人员。人员一方面作为管理的主体负责管理数据中心运维对象，另一方面也作为管理的对象，支持 IT 的运行。这类对象与其他运维对象不同，具有很强的主观能动性，其管理的好坏将直接影响到整个运维管理体系，而不仅是运维对象本身。

（2）定义各运维对象的运维内容

云计算数据中心资源管理所涵盖的范围很广，包括环境管理、网络管理、设备管理、软件管理、存储介质管理、防病毒管理、应用管理、日常操作管理、用户密码管理和员工管理等。要对每一个管理对象的日常维护工作内容有一个明确的定义，定义操作内容、维护频度、对应的责任人，要做到有章可循，责任人可追踪。实现对整个系统的全生命周期的追踪管理。

（3）建立信息化的运维管理平台系统

云计算数据中心的运维管理应从数据中心的日常监控入手，事件管理、变更管理、应急预案管理和日常维护管理等方面全方位地进行数据中心的日常监控。实现提前发现问题、消除隐患，首先要有完整的、全方位实时有效的监控系统，并着重监控数据的记录和技术分析。

数据中心的业务可概括为通过运行系统向客户提供服务。信息化的数据中心运维管理平台系统包括如下方面：

① 机房环境基础设施监控管理系统。

② IT 系统监控管理系统。

③ IT 服务管理系统。

（4）定制化管理

灵活性、个性化是云服务的显著特点，用户对应用系统有着千差万别的个性化需求，云服务提供商在保证共性需求的基础上，须满足用户个性化定制需求，向用户提供灵活、个性化配置的云服务系统。云服务提供商要提供按需变化的服务，就要有反应敏捷的人、流程、工具来适应业务变化的需要。云服务下的运维需要更多的灵活性和可伸缩性，可以根据客户、合作伙伴的需要，快速调整资源、服务和基础设施。

（5）自动化管理

IT 服务根据负载变化可以自动调整所需资源，以求在及时响应和节约成本上取得平衡。同时，计算能力规模越来越大，人工管理资源也越来越不实际。这些新特性对 IT 管理自动化能力提出了更高要求，企业往往希望在不失灵活性的前提下可以得到更高程度的自动化。

为此，云计算数据中心需要部署自动化管理平台，集中管理虚拟化和云计算平台、提供自定义规则定制功能的自动化解决方案，用户通过使用事件触发、数据监控触发等方式来自动化管理，节约人力同时提高响应速度。

（6）客户关系管理

云计算数据中心是为多租户提供 IT 服务的，为了保留和吸引客户，在运维过程中客户关系管理非常重要，具体体现在以下 3 个方面：

① 服务评审。与客户进行定期或不定期的针对服务提供情况的沟通。每次的沟通均应形成沟通记录，以备数据中心对服务进行评价和改进。

② 客户满意度调查。客户满意度调查主要包括客户满意度调查的设计、执行和客户满意度调查结果的分析、改进 4 个阶段。数据中心可根据客户的特点制定不同的客户满意度调查方案。

③ 客户抱怨管理。客户抱怨管理规定数据中心接收客户提出抱怨的途径，以及抱怨的相应方式，并留下与事件管理等流程的接口。应针对客户抱怨完成分析报告，总结客户抱怨的原因，制定相关的改进措施。为及时应对客户的抱怨，应该规定客户抱怨的升级机制，对于严重的客户抱怨，按升级的客户投诉流程进行相应处理。

（7）安全性管理

由于提供服务的系统和数据被转移到用户可掌控的范围之外，云服务的数据安全、隐私保护已成为用户对云服务最为担忧的方面。云服务引发的安全问题除了包括传统网络与信息安全问题（如系统防护、数据加密、用户访问控制、Dos 攻击等问题）外，还包括由集中服务模式所引发的安全问题以及云计算技术引入的安全问题，如防虚机隔离、多租户数据隔离、残余数据擦除及 SaaS 应用的统一身份认证等问题。

要解决云服务引发的安全问题，云服务提供商需要提升用户安全认知、强化服务运营管理和加强安全技术保障等。需加强用户对不同重要性数据迁移的认知，并在服务合同中强化用户自身的服务账号保密意识，可以提升用户对安全的认知；在服务管理方面，严格设定关键系统的分级分权管理权限并辅之以相应规章制度，同时加强对合作供应商的资格审查与保密教育；加强安全技术保障，要充分利用网络安全、数据加密、身份认证等技术，消除用户对云服务使用的安全担忧，增强用户使用云服务的信心。

（8）流程管理

流程是数据中心运维管理质量的保证。作为客户服务的物理载体，数据中心存在的目的是保证服务可以按质、按量地提供。为确保最终提供给客户的服务是符合服务合同的要求，数据中心需要把现在的管理工作抽象成不同的管理流程，并把流程之间的关系、流程的角色、流程的触发点、流程的输入与输出等进行详细定义。通过这种流程的建立，一方面可以使数据中心的人员能够对工作有一个统一的认识，更重要的是通过这些服务工作的流程化使得整个服务的提供过程可被监控、管理，形成真正意义上的"IT 服务车间"。

数据中心建立的管理流程除应满足数据中心自身特点外，还应能兼顾客户、管理者、服务商与审计机构的需求。由于每个数据中心的实际运维情况与管理目标存在差异，数据中心需要建立的流程也会有所不同。

（9）应急预案管理

应急预案是为确保发生故障事件后，尽快消除紧急事件的不良影响，恢复业务的持续营运而制定的应急处理措施。应急预案的注意事项如下：

① 根据业务影响分析的结果及故障场景的特点编写应急预案，确保当紧急事件发生后可维持业务运作，在重要业务流程中断或发生故障后在规定时间内恢复业务运作。

② 应急预案除包括特定场景出现后各部门、第三方的责任与职责外，还应评估复原可接受的总时间。

③ 应急预案必须经过演练，使相关责任人熟悉应急预案的内容。应急预案应是一个闭环管理，从预案的创建、演练、评估到修订应是一个全过程的管理，绝不能是为了应付某个演练工作，制定后就束之高阁，而是应该在实际演练和问题发生时不断地总结和完善。

云计算数据中心作为信息与信息系统的物理载体，目前主要用于与 IT 相关的主机、网络、存储等设备和资源的存放、管理。只有运维管理好一个数据中心，才能发挥数据中心的作用，使之能更好地为云计算提供强大的支持能力。通过有效实施云计算数据中心运维管理，降低人员工作量的同时提高运维人员的工作效率，提高业务系统运行状况，进而提高企业整体管理效益，同时提高客户满意度，实现云计算数据中心的价值最大化。

2.5.6　负载均衡技术

负载均衡（Server Load Balancer）是将访问流量根据转发策略分发到后端多台云服务器（Elastic Compute Service，ECS）的流量分发控制服务。通过流量分发扩展应用系统对外的服务能力，通过消除单点故障提升应用系统的可用性。

负载均衡服务通过设置虚拟服务地址，将位于同一地域的 ECS 服务器资源虚拟成一个高性能、高可用的应用服务池。根据应用指定的方式，将来自客户端的网络请求分发到云服务器池中。

该服务地址都是由购买的负载均衡实例独占的，更改配置策略不会导致负载均衡服务地址的变更。负载均衡服务地址已经正常解析到域名且对外提供服务，除非必要，不要删除创建的负载均衡服务，否则相应的服务配置和服务地址将会被释放掉，数据一旦删除，不可恢复。如果重新创建负载均衡服务，系统会重新分配一个新的服务地址。

1. 负载均衡服务的组成

（1）负载均衡实例

如果想使用负载均衡服务，必须通过购买负载均衡服务来创建一个负载均衡实例。一个负载均衡实例可以添加多个监听器和后端服务器。

（2）监听器

在使用负载均衡服务前，必须为负载均衡实例至少添加一个监听器，定义负载均衡策略和转发规则。

（3）后端服务器

一组接收前端请求的 ECS 实例，可以单独添加服务器到服务器池，也可以通过虚拟服务器组来管理后端服务器。

2. 负载均衡的应用场景

负载均衡是一种服务器或网络设备的集群技术。负载均衡将特定的业务（网络服务、网络流量等）分担给多个服务器或网络设备，从而提高了业务处理能力，保证了业务的高可用性。负载均衡基本概念有实服务、实服务组、虚服务、调度算法、持续性等，其常用应用场景主要是服务器负载均衡和链路负载均衡。

（1）服务器负载均衡

服务器负载均衡根据 LB 设备处理到的报文层次，分为四层服务器负载均衡和七层服务器负载均衡，四层服务器负载均衡处理到 IP 包的 IP 头，不解析报文四层以上载荷（L4 SLB）；七层服务器负载均衡处理到报文载荷部分，如 HTTP、RTSP、SIP 报文头，有时也包括报文内容部分（L7 SLB）。

① 四层服务器负载均衡技术。客户端将请求发送给服务器群前端的负载均衡设备，负载均衡设备上的虚服务接收客户端请求，通过调度算法，选择实服务器，再通过网络地址转换，用真实服务器地址重写请求报文的目标地址后，将请求发送给选定的真实服务器；真实服务器的响应报文通过负载均衡设备时，报文的源地址被还原为虚服务的 VSIP，再返回给客户，完成整个负载调度过程。报文交互流程如图 2-3 所示。

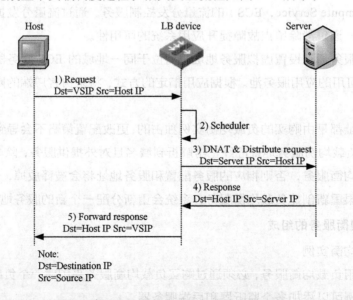

图 2-3　服务器负载均衡报文交互流程图

报文交互流程说明：

a. Host 发送服务请求报文，源 IP 为 Host IP、目的 IP 为 VSIP。

b. LB Device 接收到请求报文后，借助调度算法计算出应该将请求分发给哪台 Server。

c. LB Device 使用 DNAT 技术分发报文，源 IP 为 Host IP、目的 IP 为 Server IP。

d. Server 接收并处理请求报文，返回响应报文，源 IP 为 Server IP、目的 IP 为 Host IP。

e. LB Device 接收响应报文，转换源 IP 后转发，源 IP 为 VSIP、目的 IP 为 Host IP。

② 七层服务器负载均衡技术。七层服务器负载均衡和四层负载均衡相比，只是进行负载均衡的依据不同，而选择确定的实服务器后，所做的处理基本相同，下面以 HTTP 应用的负载均衡为例来说明。

由于在 TCP 握手阶段无法获得 HTTP 真正的请求内容，因此也就无法将客户的 TCP 握手报文直接转发给服务器，必须由负载均衡设备先和客户完成 TCP 握手，等收到足够的七层服务器内容后，再选择服务器，由负载均衡设备和所选服务器建立 TCP 连接。

七层服务器负载均衡组网和四层服务器负载均衡组网有一个显著的区别：四层服务器负载均衡每个虚服务对应一个实服务组，实服务组内的所有实服务器提供相同的服务；七层服务器负载均衡每个虚服务对应多个实服务组，每组实服务器提供相同的服务。根据报文内容选择对应的实服务组，然后根据实服务组调度算法选择某一个实服务器。

图 2-4 中描述了基于 HTTP 的 URI 目录信息进行的七层服务器负载均衡部署，报文交互流程图如图 2-5 所示。

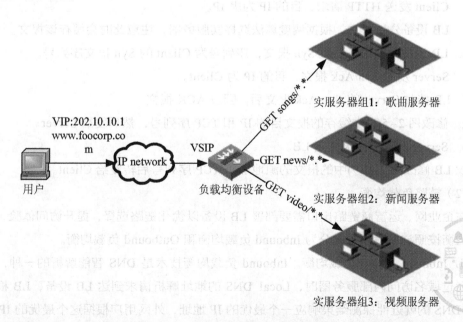

图 2-4 七层服务器负载均衡组网图

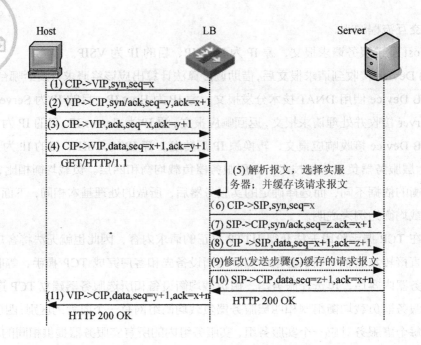

图 2-5　七层服务器负载均衡报文交互流程图

报文交互流程说明如下：

a. Client 和 LB 建立 TCP 连接。

b. Client 发送 HTTP 请求，目的 IP 为虚 IP。

c. LB 设备分析报文，根据调度算法选择实服务器，注意此时会缓存该报文。

d. LB 设备向实服务器发 Syn 报文，序列号为 Client 的 Syn 报文序列号。

e. Server 发送 Syn/Ack 报文，目的 IP 为 Client。

f. LB 接收 Server 的 Syn/Ack 报文后，回应 ACK 报文。

g. 修改图 2-5(5)中缓存的报文目的 IP 和 TCP 序列号，然后发给 Server。

h. Server 发送响应报文到 LB。

i. LB 修改图 2-5(9)中的报文的源地址和 TCP 序列号后转发给 Client。

（2）链路负载均衡

在企业网、运营商链路出口需要部署 LB 设备以优化链路选择，提升访问体验，链路负载均衡按照流量发起方向分为 Inbound 负载均衡和 Outbound 负载均衡。

① Inbound 入方向负载均衡。Inbound 负载均衡技术是 DNS 智能解析的一种，外网用户通过域名访问内部服务器时，Local DNS 的地址解析请求到达 LB 设备，LB 根据对 Local DNS 的就近性探测结果响应一个最优的 IP 地址，外网用户根据这个最优的 IP 响应进行对内部服务器的访问，如图 2-6 所示。

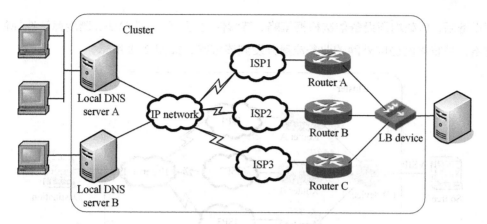

图 2-6 Inbound 链路负载均衡组网图

流程简述如图 2-7 所示。

a. 外部用户进行资源访问前先进行 DNS 解析，向本地 DNS 服务器发送 DNS 请求。

b. 本地 DNS 服务器将 DNS 请求的源 IP 地址替换为自己的 IP 地址，并转发给域名对应的权威服务器——LB device。

c. LB device 根据 DNS 请求的域名和配置的 Inbound 链路负载均衡规则进行域名解析。

d. LB device 按照域名解析的结果，将 DNS 应答发送给本地 DNS 服务器。

e. 本地 DNS 服务器将解析结果转发给用户。

f. 用户使用解析结果选择的链路直接对 LB device 进行资源访问。

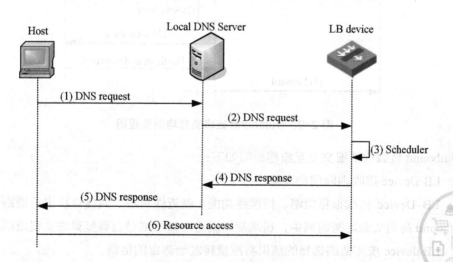

图 2-7 入方向负载均衡

② Outbound 出方向负载均衡。内网用户访问 Internet 上其他服务器。Outbound 链路负载均衡中 VSIP 为内网用户发送报文的目的网段。用户将访问 VSIP 的报文发送到负载

均衡设备后，负载均衡设备依次根据策略、持续性功能、就近性算法、调度算法选择最佳的链路，并将内网访问外网的业务流量分发到该链路，如图2-8所示。

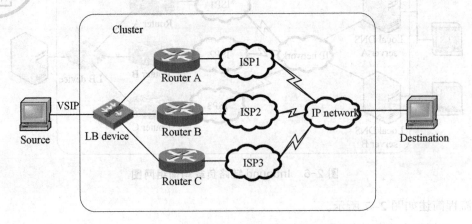

图 2-8 Outbound 链路负载均衡组网图

Outbound 负载均衡报文交互流程如图 2-9 所示。

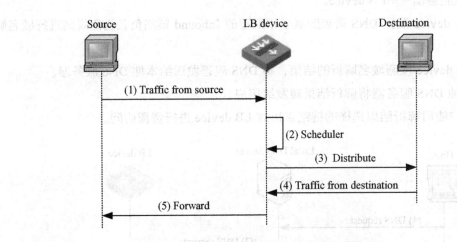

图 2-9 Outbound 链路负载均衡流程图

Outbound 负载均衡报文交互流程说明如下：

a. LB Device 接收内网用户流量。

b. LB Device 依次根据策略、持续性功能、就近性算法、调度算法进行链路选择。在 Outbound 链路负载均衡组网中，通常使用就近性算法或带宽调度算法实现流量分发。

c. LB device 按照链路选择的结果将流量转发给选定的链路。

d. LB Device 接收外网用户流量。

e. LB Device 将流量转发给内网用户。

（3）负载均衡优化及应用

① TCP 连接复用。连接复用功能通过使用连接池技术，可以将前端大量的客户的

HTTP 请求复用到后端与服务器建立的少量 TCP 长连接上，大大减小服务器的性能负载，减小与服务器之间新建 TCP 连接所带来的延时，并最大限度地减少后端服务器的并发连接数，降低服务器的资源占用。

图 2-10 给出了 TCP 连接复用的简单过程描述。由 Client 端发送的 Req1/Req2/Req3 这 3 个 HTTP 请求经过 LB 设备后，复用了 LB 设备和 Server 端已经建立好的连接，将 Client 端的 3 个请求通过两个 TCP 连接发送给了服务器端。

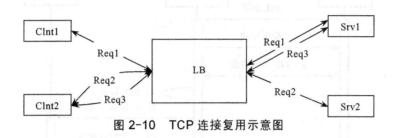

图 2-10　TCP 连接复用示意图

② SSL 卸载。为了避免明文传输出现的安全问题，对于敏感信息，一般采用 SSL 协议，如 HTTPS，对 HTTP 协议进行加密，以保证整个 HTTP 传输过程的安全性。SSL 是需要耗费大量 CPU 资源的一种安全技术，如果由后端的服务器来承担，则会消耗很大的处理能力。应用交付设备为了提升用户的体验，分担服务器的处理压力，将 SSL 加解密集中在自身的处理上，相对于服务器来说 LB 能提供更高的 SSL 处理性能，还能简化对证书的管理，减少日常管理的工作量，LB 的该功能又称 SSL 卸载。

图 2-11 中 Client 端发送给 Server 的所有的 HTTPS 流量都被 LB 设备终结，LB 设备将 SSL 终结后，与 Server 之间可采用 HTTP 或者弱加密的 HTTPS 进行通信。LB 设备承担了 SSL 的卸载工作，从而极大地减小了服务器端对 SSL 处理的压力，将服务器的处理能力释放出来，更加专注于处理服务器本身承担的业务逻辑。

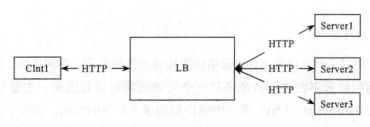

图 2-11　SSL 卸载示意图

SSL 卸载流程如图 2-12 所示。

其流程说明如下：

a. 客户端向服务器端发送 SSL 握手请求。

b. LB 设备作为中间的卸载设备，代替服务器端和客户端交互，完成 SSL 握手过程。

c. 客户端发送 SSL 加密后的请求数据。

d. LB 设备解密数据。

e. LB 设备将解密后的明文发送给 Server。

f. 服务器返回给 LB 设备回应报文。

g. LB 设备将返回的应答报文加密。

h. LB 设备将加密后的应答报文传给客户端。

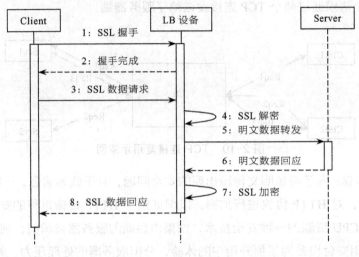

图 2-12 SSL 卸载过程

负载均衡技术不管应用于用户访问服务器资源，还是应用于多链路出口，均大大提高了对资源的高效利用，显著降低了用户的网络部署成本，提升了用户的网络使用体验。随着云计算的发展，负载均衡的技术实现还将与云计算相结合，在虚拟化和 NFV（网络功能虚拟化）软件定义网关等方面持续发展。

小结

本章主要介绍了云平台的架构，云平台架构可分为显示层、中间件层、基础设施层和管理层。显示层将云平台中的资源通过一个方便的界面呈现出来，主要包含的技术有HTML、CSS、JavaScript、Flash 等。中间件层起承上启下的作用，它为下层基础设施层提供资源基础服务，为上层显示层提供调用，主要包含的技术有 REST 技术、多租户技术、并行处理技术、应用服务器技术等。基础设施层将经过虚拟化的计算资源、存储资源和网络资源通过网络提供给用户使用和管理，主要包含虚拟化技术、分布式存储、关系数据库和 NoSQL 技术等。管理层为以上 3 层提供多种管理和维护等方面的功能和技术，包括账号管理、SLA 监控、计费管理、安全管理、运费管理和负载均衡技术等。

习题

1. 云平台的架构分为哪几个层次？分别有什么作用？
2. 列举显示层常用的一些技术。
3. 如何理解中间件层承上启下的作用？
4. 基础设施层主要包含哪些功能？
5. 管理层有哪些模块？又分为哪些层次？

第 3 章
开源云管理平台 OpenStack

3.1 OpenStack 简介

OpenStack 从起源到现在发布了很多版本，其应用范围也是非常的广泛。

3.1.1 OpenStack 起源

OpenStack 是由美国国家航空航天局和 Rackspace 合作研发的，以 Apache 许可证授权的一个自由软件和开放源代码项目。OpenStack 作为一个云平台管理的项目，并不是一个简单的软件，这个项目由几个主要的组件组合起来完成一些具体的工作。OpenStack 也可作为 IaaS 组件，让任何人都可以自行建立和提供云端运算服务。此外，OpenStack 也用作建立防火墙内的"私有云"，提供机构或企业内各部门共享资源。OpenStack 旨在为公共及私有云的建设与管理提供软件的开源项目。它的社区拥有超过 130 家企业及 1 350 位开发者，这些机构与个人都将 OpenStack 作为 IaaS 服务的通用前端。OpenStack 项目的首要任务是简化云的部署过程并为其带来良好的可扩展性，为此 OpenStack 项目一直在不断更新、升级。

3.1.2 OpenStack 运用范围

OpenStack 云计算平台帮助服务商和企业内部实现类似于 Amazon EC2 和 S3 的云基础架构服务。OpenStack 包含 Nova 和 Swift 两个主要模块，前者是 NASA 开发的虚拟服务器部署和业务计算模块，后者是 Rackspace 开发的分布式云存储模块，两者可以一起用，也可单独使用。OpenStack 除了有 Rackspace 和 NASA 的大力支持外，还有包括 Dell、Citrix、Cisco、Canonical 等重量级公司的贡献和支持，发展速度非常快，有取代另一个业界领先开源云平台 Eucalyptus 的态势。

OpenStack 覆盖网络、虚拟化、操作系统、服务器等各个方面，是一个正在开发中的云计算平台项目，根据成熟及重要程度的不同，被分解成核心项目、孵化项目及支持项目和相关项目。每个项目都有自己的委员会和项目技术主管，而且每个项目都不是一成不变的，孵化项目可根据发展的成熟度和重要性转变为核心项目。

OpenStack 虽然有些方面还不太成熟，但有全球大量的组织支持，大量的开发人员参与，发展迅速。国际上已经有很多使用 OpenStack 搭建的公有云、私有云、混合云，例如，RackspaceCloud、惠普云、MercadoLibre 的 IT 基础设施云、AT&T 的 CloudArchitec、戴尔的 OpenStack 解决方案等。而在国内，OpenStack 的热度也在逐渐升温，华胜天成、高德地图、京东、阿里巴巴、百度、中兴、华为等都对 OpenStack 产生了浓厚的兴趣并参与其中。在 Newton 代码贡献最终版本中，共有 23 家中国企业上榜。而上一个版本 Mitaka 代码贡献的中国上榜企业仅有 13 家，同比增长高达 77%。Newton 版本发布时，其中 182 家企业提交代码次数为 42 812，23 家中国企业提交代码次数为 3 914，占比为 9.15%。自 2010 年创立以来，已发布 14 个版本。其中 Icehouse 版本有 120 个组织、1 202 名代码贡献者参与，而最新的 Newton 版本是由来自 309 个组织的 2 581 名开发人员、操作人员和用户设计和创建的。OpenStack 很可能在未来的基础设施即服务资源管理方面占据领导位置，成为公有云、私有云及混合云管理的"云操作系统"标准。

OpenStack 因 Open 而开放，因组件而灵活，因包容而博大。有计算、网络、对象存储、块存储、身份、镜像服务、门户、测量、部署编排、数据库服务等组件，有的组件可以根据需要选择安装，组网结构也很灵活、多样。支持接入多种主流虚拟机软件（如 KVM、LXC、QEMU、Hyper-V、VMware、XenServer），也可自行开发插件接入其他的虚拟化软件。

另外，OpenStack 在灵活性、适应能力和成本方面的优势显著。如果用户的项目遇到了挫折或挑战，它会在组织内找到许多伙伴共同解决。有条理的 OpenStack 部署旨在逐个处理这些利益相关者，在每个行业给 IT 一个关键接触点。公司为 OpenStack 项目设置保障之后，就开始享受开源的好处，包括随之而来的帮助和协助。例如，在部署之后的数天、数周乃至数月内都会有人员提供帮助，保护投资效益。很多供应商都是专家，能为公司提供必要的帮助，确保项目启动后能够顺利运行。

最后，OpenStack 基金会公布了其所做的一次调研，调研结果显示：

① 企业部署 OpenStack 最主要的 5 个驱动因素是节约成本、运营效率、开放平台、灵活的技术选择与创新、竞争能力。

② 部署 OpenStack 的十大行业分别为 IT、学术/研究/教育、电信、影音/娱乐、政府/国防、制造/工业、零售、医疗保健、金融、日常消费。

③ OpenStack 十大应用场景分别是管理与监测系统、连续集成/自动测试、数据挖掘/大数据/Hadoop、Web 服务器、QA 测试环境、数据库、科学研究、存储与备份、虚拟桌面、高性能计算。

④ 部署类别方面，私有云占绝对多数（60%），其次是托管私有云（17%）、公有云（15%），混合云（6%）与社区云（2%）处于起步阶段。

⑤ 在 OpenStack 的部署中，主要采用的虚拟化 Hypervisor 以 KVM 为主（62%），其次是 Xen（12%），VMware 的 ESX 排名第三（8%），QEMU 爆冷排名第四（5%），思杰的 XenServer 与 Linux 的虚拟化容器 LXC 并列第五，微软 Hyper-V 第六，其他的可以忽略不计，而主机操作系统则以 UBUNTU 为主（55%），其次是 CENTOS（24%）与 RHEL（10%）。

总之，OpenStack 的运用范围和前景相当广阔，但需要更加完善的技术和商业推广。

3.1.3　OpenStack 发展历史

2016 年 10 月，OpenStack 社区公布了该项目的第十四个版本，即 Newton。伴随着一系列新功能、修复与提升，Newton 多个层面迎来了升级，在可扩展性、可靠性和用户体验方面均有显著提升。OpenStack 将继续大幅、快速地成长，经常每年更新两个或两个以上的版本。因此，有关该技术的许多公开信息都会比较陈旧，并不是最新的资料，读者应了解文档中所指的是哪个版本的 OpenStack。

OpenStack 的每个主版本系列以字母表顺序（A～Z）命名，以年份及当年内的排序做版本号，从第一版的 Austin（2010.1）到目前最新的稳定版 Newton（2016.10），共经历了 14 个主版本，第 15 版的 Ocata 仍在开发中。OpenStack 使用了 YYYY.N 表示法，基于发布的年份以及当时发布的主版本来指定其发布。例如，2011（Bexar）的第一次发布的版本号为 2011.1，而下一次发布（Cactus）则被标志为 2011.2，次要版本进一步扩展了点表示法（如 2011.3.1）。

开发人员经常根据代号来指定发行版本，发行版是按字母顺序排列的。Austin 是第一个主发行版，其次是 Bexar、Cactus 和 Diablo。这些代号是通过 OpenStack 设计峰会上的民众投票选出的，一般使用峰会地点附近的地理实体名称。以下是各个版本的简单描述，如表 3-1 所示。

每个 OpenStack 版本皆会以其设计峰会的召开地点命名。最后一届设计峰会召开于得克萨斯州奥斯汀市，这里拥有 Newton House 的别称，Newton 这一版本名亦是由此而来。如果没有成千上万贡献者的辛勤努力，OpenStack 绝对无法取得如今的成就。OpenStack

Newton 总计拥有 2 581 名贡献者，最新版本页面中将他们的姓名一一列出以示感谢。OpenStack 的相当一部分贡献者是受到所在企业的激励而加入其中的。OpenStack 的 Newton 版本周期内吸引到 183 家企业，其中贡献最为卓著的 5 家分别为 redhat、Mirantis、HPE、Rackspace 以及 IBM。OpenStack 的发布周期基本确定在六个月。Newton 发布于 10 月 6 号，距离上个版本 Mitaka 约 25 周，而距离 Newton 设计峰会则为 23 周，同时分别距离首个与第二个里程碑版本 18 约 12 周。值得注意的是，其发布时间距离功能确定版约为 5 周。完成这一系列目标都是相当艰难的挑战。OpenStack 项目由多名 OpenStack 用户、贡献者与基金会社区选举出的成员负责，其中包括一个由 13 名成员组成的技术委员会、包含 24 名成员的基金会以及包含全球超过 75 家企业委托代表的用户委员会。

表 3-1 OpenStack 版本演变历史

主版本名称	发布时间	包含的主要组件
Austin	2010.10.21	Nova, Swift
Bexar	2011.2.3	Nova, Glance, Swift
Cactus	2011.4.15	Nova, Glance, Swift
Diablo	2011.9.22	Nova, Glance, Swift
Essex	2012.4.5	Nova, Glance, Swift, Horizon, Keystone
Folsom	2012.9.27	Nova, Glance, Swift, Horizon, Keystone, Quantum, Cinder
Grizzly	2013.4.4	Nova, Glance, Swift, Horizon, Keystone, Quantum, Cinder
Havana	2013.10.17	Nova, Glance, Swift, Horizon, Keystone, Neutron, Cinder, Ceilometer, Heat
Icehouse	2014.4.17	Nova, Glance, Swift, Horizon, Keystone, Neutron, Cinder, Ceilometer, Heat, Trove
Juno	2014.10.16	Nova, Glance, Swift, Horizon, Keystone, Neutron, Cinder, Ceilometer, Heat, Trove, Sahara
Kilo	2015.4.30	Nova, Glance, Swift, Horizon, Keystone, Neutron, Cinder, Ceilometer, Heat, Trove, Sahara, Ironic
Liberty	2015.10.16	Nova, Glance, Swift, Horizon, Keystone, Neutron, Cinder, Ceilometer, Heat, Trove, Sahara, Ironic, Zaqar, Manila, Designate, Barbican, Searchlight
Mitaka	2016.4.7	Nova, Glance, Swift, Horizon, Keystone, Neutron, Cinder, Heat, Ceilometer, Trove, Sahara, Ironic, Zaqar, Manila, Designate, Barbican, Searchlight, Magnum
Newton	2016.10.6	Nova, Glance, Swift, Horizon, Keystone, Neutron, Cinder, Heat, Ceilometer, Trove, Sahara, Ironic, Zaqar, Manila, Designate, Barbican, Searchlight, Magnum, aodh, cloudkitty, congress, freezer, mistral, monasca-api, monasca-log-api, murano, panko, senlin, solum, tacker, vitrage, Watcher
Ocata	2017.2.22	Nova, Glance, Swift, Horizon, Keystone, Neutron, Cinder, Heat, Ceilometer, Trove, Sahara, Ironic, Zaqar, Manila, Designate, Barbican, Searchlight, Magnum, aodh, cloudkitty, congress, freezer, mistral, monasca-api, monasca-log-api, murano, panko, senlin, solum, tacker, vitrage, Watcher
Pick	2017.8.30	Nova, Glance, Swift, Horizon, Keystone, Neutron, Cinder, Heat, Ceilometer, Trove, Sahara, Ironic, Zaqar, Manila, Designate, Barbican, Searchlight, Magnum, aodh, cloudkitty, congress, freezer, mistral, monasca-api, monasca-log-api, murano, panko, senlin, solum, tacker, vitrage, Watcher

3.2 OpenStack 架构

OpenStack 作为目前最热门的开源云平台，无论是它的设计还是功能，相比于同类平台来说都具有无可比拟的优越性。

3.2.1 整体架构解析

OpenStack 既是一个社区，也是一个项目和一个开源软件，它提供了一个部署云的操作平台或工具集。其宗旨在于，帮助组织运行虚拟计算或存储服务的云，为公有云、私有云，也为大云、小云提供可扩展的、灵活的云计算服务。

OpenStack 旗下包含一组由社区维护的开源项目，他们分别是 OpenStack Compute、OpenStack Object Storage 以及 OpenStack Image Service。

OpenStack Compute 为云组织的控制器，它提供一个工具来部署云，包括运行实例、管理网络以及控制用户和其他项目对云的访问。它底层的开源项目名称是 Nova，其提供的软件能控制 IaaS 云计算平台，类似于 Amazon EC2 和 Rackspace CloudServers。

OpenStack Object Storage 是一个可扩展的对象存储系统。对象存储支持多种应用，如复制和存档数据、图像或视频服务、存储次级静态数据，开发数据存储整合的新应用，存储容量难以估计的数据，为 Web 应用创建基于云的弹性存储。最初的目的是用于托管 Rackspace 的文件服务，该子项目一直沿用 Rackspace 的项目代号 Swift，而今的 Swift 能够使用普通硬件来构建冗余的、可扩展的分布式对象存储集群，存储容量可达 PB 级。

OpenStack Image Service 是一个虚拟机镜像的存储、查询和检索系统，服务包括的 RESTful API 允许用户通过 HTTP 请求查询 VM 镜像元数据以及检索实际的镜像。VM 镜像有 4 种配置方式：简单的文件系统、类似 OpenStack Object Storage 的对象存储系统、直接用 Amazon S3 存储、用带有 Object Store 的 S3 间接访问 S3。OpenStack 镜像服务支持多种虚拟机镜像格式，包括 VMware（VMDK）、Amazon 镜像（AKI、ARI、AMI）以及 VirtualBox 所支持的各种磁盘格式。镜像元数据的容器格式包括 Amazon 的 AKI、ARI 以及 AMI 信息，标准 OVF 格式以及二进制大型数据。同时，Image Service 也可为存储在不同存储设备上的镜像提供完整的适配框架，提供镜像存储与访问的统一的方法和管理。

3 个项目的基本关系如图 3-1 所示。

OpenStack 的核心功能通过紧密的合作整体协同工作，实现对整个 OpenStack 平台的资源的管理、控制等操作。其逻辑架构在设计上参考了经典云计算平台架构，下面从 OpenStack 的整体布局和功能模块部署两方面介绍其逻辑架构。

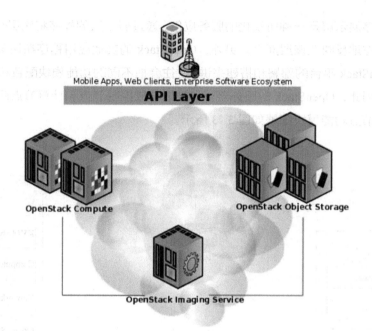

图 3-1　OpenStack 的组成结构图

从整体布局上讲，OpenStack 基本上划分为硬件资源层、虚拟化适配层、资源管理调度层和应用程序展示层，如图 3-2 所示。

图 3-2　OpenStack 逻辑架构

硬件资源层是整个 OpenStack 平台的基础，主要包括 CPU、网络、内存、存储设备等硬件。它是虚拟化适配层适配的基础，经过上层的资源抽象后提供虚拟设备。

虚拟化适配层在云平台中是一个软硬过度层，虚拟化适配层将底层物理硬件通过 KVM、QEMU 等虚拟化技术进行抽象，上层通过 libvirt 提供的统一接口调用它们对应的驱动程序，为上层提供虚拟化的硬件资源。

资源管理调度层是 OpenStack 云平台架构中的核心层，资源管理和调度是该层的主要职责，OpenStack 的各种服务程序运行在这一层面上，如镜像管理、计算调度、虚拟机的指派和分配等服务程序，它们彼此之间通过统一的 API 接口实现相互通信与调度。

应用程序展示层是一种可视化的服务应用，通过展示层的程序将底层硬件信息、资源调配实时动态地反映在该层面上。另外，OpenStack 的其他应用程序在该层上运行。

从 OpenStack 平台的部署和搭建来讲，往往会把不同的功能模块配置和安装在不同的服务器上。因此，OpenStack 的服务器节点被划分成控制节点和计算节点两大类，它们之间的关系及节点功能模块部署如图 3-3 所示。

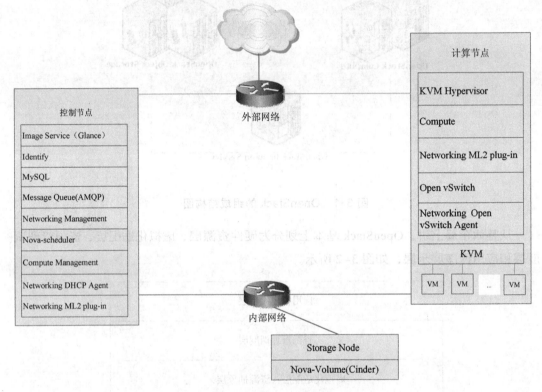

图 3-3　OpenStack 基本部署架构

控制节点是 OpenStack 平台的核心部分，它参与整个 OpenStack 的运行、管理、调度等工作。部署在它上的服务还包含 OpenStack 的消息队列、网络、数据库等服务程序。

计算节点主要运行与虚拟机运行相关的服务程序，如网络等，计算节点通过 KVM Hypervisor 与虚拟适配层中的 KVM 进行通信与调度，维护和管理计算节点上的虚拟计算机的运行，从而向用户提供计算服务。

存储节点是额外配置的一种节点，在现在版本的 OpenStack 平台中，增加了对象存储模块，主要满足云计算中的数据存储，该节点主要是以大量的存储设备构成的，由 Nova-Volume（Cinder）服务程序支配和管理，为整个平台提供海量数据的存储。

在了解了 OpenStack 的逻辑架构之后，下面将对 OpenStack 的物理部署架构进行说明，如图 3-4 所示。OpenStack 物理部署实质上将各个功能模块所在的服务器通过物理网络进行连接，从而使各个服务程序协同工作在 OpenStack 平台之上。OpenStack 的物理架构优秀之处在于它的网络拓扑，可划分成管理网、数据存储网和公网。它们涵盖了 OpenStack 核心部件，不同的组件按照职责被部署在不同的网络服务器之上。

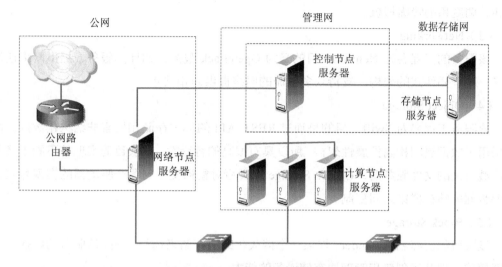

图 3-4　OpenStack 物理架构图

在图 3-4 中可以看出，OpenStack 的物理结构由不同功能的服务构成，各个服务器通过网络连接设备构成不同功能的网路。按照上述标准可划分为：

① 控制节点服务器和计算节点服务器构成管理网络，它是整个 OpenStack 的职能核心，主要包含镜像管理、虚拟机控制服务、计算资源调度、负载均衡等功能，它是 OpenStack 计算服务的重要提供部分。

② 网络服务器连通整个 OpenStack 的公网通信，虽然属于可选部分，但一般的 OpenStack 平台都会包含这一部分，整个平台中的虚拟机的网络请求和内网通信全由该部分处理。

③ 控制节点服务器和存储节点服务器构成存储网络。该部分和管理网络有一定的重合，它和计算节点共同完成 OpenStack 的数据存储服务。

前面介绍了 OpenStack 的逻辑和物理架构，下面将从 OpenStack 的主要服务组件角度对其进行介绍。OpenStack 项目是一个支持所有云环境的开源云计算平台。该项目旨在提升易用性，支持大规模扩展和提供更多优秀的特性。全球的云计算专家都在为 OpenStack 项目作出贡献。Openstack 通过一系列服务，形成一个 IaaS 解决方案，每一个服务都提供了相应的 API 来更好地使用 OpenStack。

OpenStack 包含的服务如下：

（1）Dashboard

该服务的工程名为 Horizon，目的是提供基于 Web 的自服务门户，实现用户与底层服务的交互，如启动实例、分配 IP 地址、配置访问控制策略等。

（2）Compute

该服务的工程名为 Nova，目的是管理运行在 OpenStack 环境中的计算实例，如按需创建、调度和销毁虚拟机。

（3）Networking

该服务的工程名为 Neutron，目的是为 OpenStack 服务，如计算服务、提供网络连接服务。基于插件式的架构，支持众多主流的网络提供商和技术。

（4）Object Storage

该服务工程名为 Swift。目的是通过 REST API 的形式存储和检索非结构化数据。由于采用了数据复制和高扩展性架构，所以具有很高的容错性。该项目的实现并不同于具有可挂载目录的文件服务器，Object Storage 通过写对象和文件到多个驱动器的实现方式，确保数据能够在群集之间复制。

（5）Block Storage

该服务的工程名为 Cinder，提供一个持久化的块存储来运行实例。该服务的可插拔驱动器模式，提升了创建和管理块存储设备的能力。

（6）Identity Service

该服务的工程名为 Keystone，为 OpenStack 服务提供认证和授权，同时为 OpenStack 服务提供服务端点目录。

（7）Image Service

该服务的工程名为 Glance，存储和检索虚拟机磁盘镜像，OpenStack 计算服务在实例配置的过程中会使用到该服务。

（8）Telemetry

该服务的工程名为 Ceilometer，监控和计量 Openstack 云服务，为 OpenStack 提供计费、阈值管理、扩展和分析等服务。

（9）Orchestration

该服务的工程名为 Heat，通过本地的 HOT 模板格式或者 AWS CloudFormation 模板格式，甚至 Openstack 本地 REST API 和兼容 CloudFormation 的 Query API，编排多个混合的基于云的应用。

（10）Database Service

该服务的工程名为 Trove，为数据库引擎提供了可靠的、高扩展性的云数据库服务。

（11）Data Processing Service

该服务的工程名为 Sahara，提供了在 OpenStack 中配置和扩展 Hadoop 群集的能力，而实现这一点只需要上传 hadoop 版本、群集拓扑结构和节点的硬件信息即可。

3.2.2 Nova 组件

Nova（OpenStack Compute）是 OpenStack 三大核心组件之一，类似 Amazon EC2 的概念，但是它不包含虚拟化的软件，只是提供了支持多种虚拟机的兼容特性和对虚拟机进行管理（KVM、qemu、Xen、VMware、Virtual Box）的特性，并且提供了一系列可供云计算用户调用的 API。Nova 最开始时可以说是一套虚拟化管理程序，还可以管理网络和存储。不过从 Essex 版本后，Nova 开始做减法，与网络相关的内容，如安全组交给 Quantum 负责，存储相关的交给 Cinder 负责；调度有关的内容交给新的项目 Marconi。以前还有一个 Nova Common 的项目，它其实是包含了各个组件都使用的相同的内容，现在也专门成立一个名为 oslo 的项目进行管理，它已经是 OpenStack 的核心项目。

Nova 的主要工作是为用户（User）或组织（Group）按需提供虚拟机，并为其提供网络配置功能，其在 OpenStack 架构中的关系如图 3–5 所示。

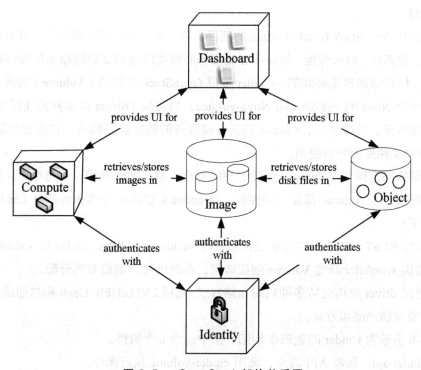

图 3-5　OpenStack 架构关系图

在图 3–5 中，Compute 计算组件就是 Nova。Nova 与 Dashboard、Identity 和 Image 等组件相互关联。其中，Nova 的操作要通过 Identity 的身份验证和权限鉴别；Nova 调度虚拟机所需的原始镜像需要从 Image 服务中获取，甚至虚拟机本身的存储也需要 Image 的支持和协作；Nova 中虚拟机的实时情况需要通过 Dashboard 进行界面显示。

3.2.3　Cinder 组件

在介绍 Cinder 组件之前，需要了解操作系统获得存储空间的两种方式：

① 通过某种协议（SAS、SCSI、SAN、iSCSI 等）挂接裸硬盘，然后分区、格式化、创建文件系统；或者直接使用裸硬盘存储数据（数据库）。

② 通过 NFS、CIFS 等协议，挂载远程的文件系统。

第一种裸硬盘的方式称为 Block Storage(块存储)，每个裸硬盘通常也称 Volume(卷)；第二种称为文件系统存储。NAS 和 NFS 服务器及各种分布式文件系统提供的都是这种存储。

传统数据中心的存储设备是通过网络连接给服务器提供存储空间的一类设备。硬盘对应一个术语：块设备，传统存储也称块存储。SAN 是典型的块存储。如果是在虚拟化环境下，也可以像云硬盘一样挂载到虚拟机上，作为虚拟机的一个硬盘，也就是虚拟机的一个卷（Volume）。Cinder 是提供块存储服务的，有时也会说 Cinder 提供卷管理或者说是提供卷服务的。

Cinder 是 OpenStack Block Storage 的项目名称，由它为虚拟机提供持久块存储。对于可扩展的文件系统、最大性能、与企业存储服务的集成以及需要访问原生块级存储的应用程序而言，块存储通常是必需的。Cinder 提供 OpenStack 存储块（Volume）服务，该管理模块原来也为 Nova 的一部分，即 Nova-volume，后来从 Folsom 版本开始使用 Cinder 分离出块存储服务。具体地说，Cinder 是云存储服务的调度监控模块，它需要与如 NFS、Ceph 等网络文件系统配合使用。

块存储服务提供对 Volume 从创建到删除整个生命周期的管理。从虚拟机实例的角度看，挂载的每一个 Volume 都是一块硬盘。OpenStack 提供块存储服务的是 Cinder，其具体功能如下：

① 提供 REST API 使用户能够查询和管理 Volume、Volume 快照以及 Volume 类型。

② 提供 scheduler 调度 Volume 创建请求，合理优化存储资源的分配。

③ 通过 driver 架构支持多种后端存储方式，包括 LVM、NFS、Ceph 和其他诸如 EMC、IBM 等商业存储产品和方案。

图 3-6 所示为 Cinder 的逻辑架构图，图中包含 6 个组件。

① cinder-api。接收 API 请求，调用 cinder-volume 执行操作。

② cinder-volume。管理 Volume 的服务，与 Volume Provider 协调工作，管理 Volume 的生命周期。运行 cinder-volume 服务的节点被称为存储节点。

③ cinder-scheduler。Scheduler 通过调度算法选择最合适的存储节点创建 Volume。

④ volune provider。数据的存储设备，为 Volume 提供物理存储空间。cinder-volume 支持多种 volume provider，每种 volume provider 通过自己的 driver 与 cinder-volume 协调工作。

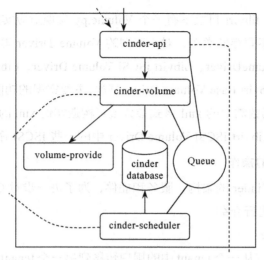

图 3-6　Cinder 的逻辑架构图

⑤ message queue。Cinder 各个子服务通过消息队列实现进程间通信和相互协作。因为有了消息队列，子服务之间实现了解耦，这种松散的结构也是分布式系统的重要特征。

⑥ database。Cinder 有一些数据需要存放到数据库中，一般使用 MySQL。数据库一般安装在控制节点上。

以上对 Cinder 的架构和基本服务进行了介绍，下面从 Cinder 支持的插件、有关操作和 Cinder 支持的典型存储 3 方面对其进行介绍。

Cinder 对块数据实现了多种存储管理方式。主要有 lvm 方式（通过 lvm 相关命令实现 Volume 的创建、删除等相关操作）、NFS 方式（通过挂共享的方式实现 Volume），iSCSI 方式（通过 iSCSI 命令来来实现相关的功能），如图 3–7 所示。众多厂商（如华为、IBM 等）根据自己的存储设备产品实现了自己的存储方式，还有一些开源的存储方案实现（如 rdb、sheepdog 等）。这些存储方式是可以扩展的，要实现特定的存储方法只需要继承 Volume Driver 基类，或者根据存储的类型继承它的相关子类（如 iSCSI Driver）实现相关的方法。

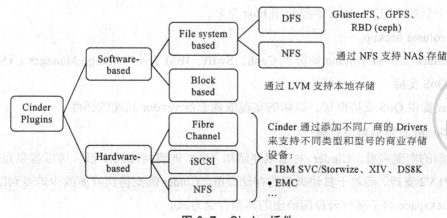

图 3-7　Cinder 插件

在 Nova 的源代码 libvirt 目录下有一个 Volume.py 实现对应实际运行 Volume 的相关操作。针对 Cinder 的不同存储类型，对应不同的 Volume Driver 类型，如 Libvirt Volume Driver、Libvirt Net VolumeDriver、Libvirt iSCSI Volume Driver、Libvirt NFS Volume Driver 等。这些类都继承于 Libvirt Base Volume Driver 基类，主要实现的功能其实就是构造 Libvirt 中 attachDeviceFlags 函数需要的 xml 格式参数或者构造实例 xml 时添加 device，和实现一些功能的命令执行如 Libvirt ISCSI Volume Driver 中的一些 ISCSI 命令。

1. Cinde 所支持的操作

以上介绍了有关 Cinder 的架构、服务和插件，为了进一步对 Cinder 进行分析，下面对 Cinder 的几种操作进行介绍。

（1）tranfer volume

将 Volume 的拥有权从一个 tenant 中的用户转移到另一个 tenant 中的用户可分为两步：

第一步：Volume 所在 tenant 中的用户使用命令 cinder transfer-create 产生 tranfer 时会产生 transfer id 和 authkey。

第二步：在另一个 tenant 中的用户使用命令 cinder transfer-accept 接受 transfer 时，需要输入 transfer id 和 auth_key。

（2）volume migrate

将 Volume 从一个 backend 迁移到另一个 backend，有多种可能情况：

① 如果 volume 没有加载到虚拟机。如果是同一个存储上不同后端之间的迁移，需要存储的 driver 会直接支持存储上的 migrate；如果是不同存储上的后端之间的 Volume 迁移，或者存储 cinder driver 不支持同一个存储上后端之间的迁移，那么将使用 Cinder 默认的迁移操作：Cinder 首先创建一个新的 Volume，然后从源 Volume 复制数据到新 Volume，然后将老的 Volume 删除。

② 如果 Volume 已经被加载到虚拟机。Cinder 创建一个新的 Volume，调用 Nova 将数据从源 Volume 复制到新 Volume，然后将老的 Volume 删除。

在多个后端情况下，host 必须使用 host 全名。

（3）volume backup

OpenStack 支持将 Volume 备份到 Ceph、Swift、IBM Tivoli Storage Manager（TSM）。

（4）QoS 支持

Cinder 提供 QoS 支持框架，具体的实现依赖于各 vendor 实现的插件。

2. Cinder 支持的典型存储

从当前的实现来看，Cinder 对本地存储和 NAS 的支持比较不错，可以提供完整的 Cinder API V2 支持，而对于其他类型的存储设备，Cinder 的支持会或多或少地受到限制，下面是 Rackspace 对于私有云存储给出的典型存储方式。

（1）本地存储

对于本地存储，cinder-volume 可以使用 lvm 驱动，该驱动当前的实现需要在主机上事先用 lvm 命令创建一个 cinder-volumes 的 vg，当该主机接受到创建卷请求时，cinder-volume 在该 vg 上创建一个 lv，并用 openiscsi 将这个卷当作一个 iscsi tgt 导出。

（2）EMC

EMC 推出的 VNX 产品线，正式与 NetApp 的 FAS 产品线竞争。其中 VNX5100 只提供块访问，VNX7500 为高端产品。由 2 个 SP 处理块访问，多个 Data Mover 处理文件访问。支持的文件访问协议有 NFS、CIFS、MPFS 和 pNFS。程序块访问协议有光纤通道、FCoE 和 iSCSI。EMC 块存储架构如图 3–8 所示。

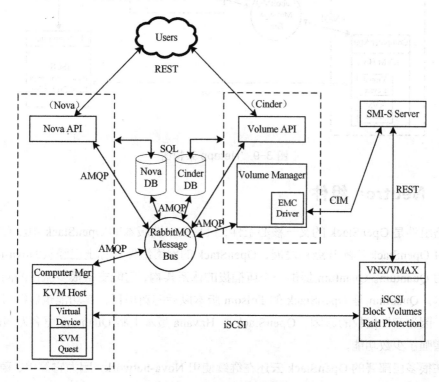

图 3-8 EMC 块存储架构

（3）Netapp

Netapp 的 iSCSI 技术特点：多台前端服务器共用后端存储设备，后端存储空间以 LUN 形式提供给前端服务器。不支持共享，每个 LUN 只能属于前端某一台服务器。连接采用以太网链路和专用以太网交换机，链路速率为 1 Gbit/s、10 Gbit/s，如图 3–9 所示。

以上从 Cinder 的架构、服务、插件、操作和支持的典型存储等方面介绍了 Cinder 的有关情况。在目前版本的 Cinder 在 IT 私有云场景中，从硬件兼容性、高性能、高可靠性、水平扩展能力、应用兼容性等维度来看，Cinder 还存在不少问题需要解决。

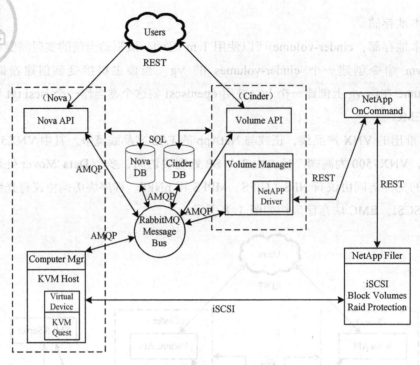

图 3-9　Netapp 架构图

3.2.4　Neutron 组件

网络组件是 OpenStack 的又一核心组件，只是在早期版本的 OpenStack 中没有单独列出，随着 OpenStack 不断升级和发展，OpenStack 的网络组件名称上已经从 Nova-network 演变成为 Quantum。Quantum 提供一个可插拔的体系架构，它能支持很多流行的网络供应商和技术。Quantum 是 OpenStack 的 Folsom 版本以后的新项目，其功能也显得日趋强大与复杂。因为商标侵权的原因，OpenStack 在 Havana 版本上将 Quantum 更名为 Neutron，增加和增强了少数功能。

现在很多已部署的 OpenStack 云还在继续使用 Nova-network，因为它简单、稳定，尤其是多节点部署的可扩展性和可靠性让人不愿割舍。但是 Icehouse 版中的 Nova-network 已经被列为过期组件，虽然系统还支持，但不建议再使用。

OpenStack 的设计理念是把所有的组件当作服务来注册。Neutron 就是网络服务。它将网络、子网、端口和路由器抽象化，之后启动的虚拟主机就可以连接到这个虚拟网络上，最大的好处是这些可视化都在 Horizon 中得到实现，部署或者改变一个 SDN 变得非常简单，没有专业知识的人稍经培训也可以做到。

Neutron 主要由以下几部分组成：

（1）Neutron Server

这一部分包含守护进程 neutron-server 和各种插件 neutron-*-plugin，它们既可以安装在控制节点也可以安装在网络节点。neutron-server 提供 API 接口，并把对 API 的调用请求传给已经配置好的插件进行后续处理。插件需要访问数据库来维护各种配置数据和对应关系，如路由器、网络、子网、端口、浮动 IP、安全组等。

（2）插件代理

虚拟网络上数据包的处理是由这些插件代理来完成的，名字为 neutron-*-agent，在每个计算节点和网络节点上运行。一般来说选择了什么插件，就需要选择相应的代理。代理与 Neutron Server 及其插件的交互通过消息队列支持。

（3）DHCP 代理

DHCP 代理的名字为 neutron-dhcp-agent，为各个租户网络提供 DHCP 服务，部署在网络节点上，各个插件也使用这一个代理。

（4）3 层代理

3 层代理的名字为 neutron-l3-agent，为客户机访问外部网络提供 3 层转发服务，部署在网络节点上。

Neutron 是 OpenStack 核心项目之一，提供云计算环境下的虚拟网络功能。OpenStack 最新版本的 Release Note 描述了 Neutron 新增加的功能：

① Multi-Vendor-Support：同时支持多种物理网络类型，支持 Linux Bridge、Hyper-V 和 OVS bridge 计算节点共存。

② Neutron-Fwaas：支持防火墙服务。

③ VPNaas：支持节点间 VPN 服务。

④ More-Vendors：更多的网络设备支持和开源 SDN 实现完善和提高，新增加了 ML2（The Modular Layer2）插件。

在 OpenStack 网络组件没有独立出来之前，OpenStack 最初的 Nova-network 网络模型如图 3-10 所示。

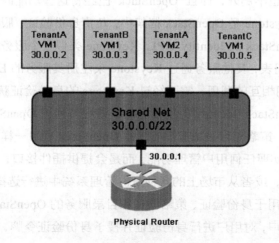

图 3-10　单一平面网络结构

单一平面网络的缺点如下：

① 存在单一网络瓶颈，缺乏可伸缩性。

② 缺乏合适的多租户隔离。

OpenStack nova-network 独立成为单独的组件 Neutron 后，网络模型的多平面网络、混合平面私有网络，如图 3-11 所示。

在图 3-11 中，网络节点将整个云平台的网络通过物理或逻辑网卡等设置，实现了对 OpenStack 内部网络的管理和数据通信，同时也实现了 OpenStack 本身及其所属的虚拟机与外部网络的通信。

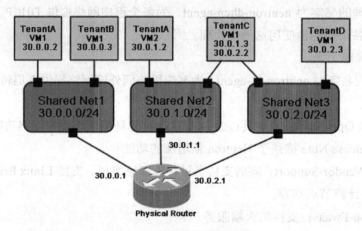

图 3-11　多平面网络结构

3.2.5　Keystone 组件

每项多用户服务都需要一些机制来管理哪些人可以访问应用程序，以及每个人可以执行哪些操作。私有云也不例外，而且 OpenStack 已经将这些功能简化为一个单独的称为 Keystone 的项目。Keystone 是 OpenStack 框架中，负责身份验证、服务规则和服务令牌的功能，它实现了 OpenStack 的 Identity API。Keystone 类似一个服务总线，或者说是整个 OpenStack 框架的注册表，其他服务通过 Keystone 来注册其服务的 Endpoint（服务访问的 URL），任何服务之间相互的调用，需要经过 Keystone 的身份验证获得目标服务。

Keystone 是 OpenStack Identity 的项目名称，该服务通过 OpenStack 应用程序编程接口（API）提供令牌、策略和目录功能。与其他 OpenStack 项目一样，Keystone 表示一个抽象层，它并不实际实现任何用户管理功能，而是会提供插件接口，以便组织可以利用其当前的身份验证服务，或者从市场上的各种身份管理系统中进行选择。

Keystone 集成了用于身份验证、策略管理和目录服务的 OpenStack 功能，这些服务包括注册所有租户和用户，对用户进行身份验证并授予身份验证令牌，创建横跨所有用户和服务的策略以及管理服务端点目录。身份管理系统的核心对象是用户（使用 OpenStack 服务的个人、系统或服务的数字表示）。用户通常被分配给称为租户的容器，该容器会将各种资源和身份项目隔离开来。租户可以表示一个客户、账户或者任何组织单位。

身份验证是确定用户是谁的过程。Keystone 确认所有传入的功能调用都源于声明发出请求的用户。该过程通过测试凭证形式的声明来执行这一验证。凭证数据的显著特性就是它应该只供拥有数据的用户访问。该数据中可以只包含用户知道的数据（用户名称和密码或密钥）、用户通过物理方式处理的一些信息（硬件令牌），或者是用户的一些"实际信息"（视网膜或指纹等生物特征信息）。

在 OpenStack Identity 确认完用户的身份之后，它会给用户提供一个证实该身份并且可用于后续资源请求的令牌。每个令牌都包含一个作用范围，列出了对其适用的资源。令牌只在有限的时间内有效，如果需要删除特定用户的访问权限，也可以删除该令牌。

安全策略是借助一个基于规则的授权引擎来实施的。用户经过身份验证后，下一步就是确定身份验证的级别。Keystone 利用角色的概念封装了一组权利和特权。身份服务发出的令牌包含一组身份验证的用户可以假设的角色。然后，由资源服务将用户角色组与所请求的资源操作组相匹配，并做出允许或拒绝访问的决定。

Keystone 的一个附加服务是用于端点发现的服务目录。该目录提供一个可用服务清单及其 API 端点。一个端点就是一个可供网络访问的地址（如 URL），用户可在其中使用一项服务。所有 OpenStack 服务，包括 OpenStack Compute（Nova）和 OpenStack Object Storage（Swift），都提供了 Keystone 的端点，用户可通过这些端点请求资源和执行操作。

3.2.6 Horizon 组件

在整个 OpenStack 应用体系中，Horizon 就是整个应用的入口。提供了一个模块化的、基于 Web 的图形化界面服务门户。用户可通过浏览器使用这个 Web 图形化界面来访问、控制它们的计算、存储和网络资源。

Horizon 是一个用以管理、控制 OpenStack 服务的 Web 控制面板，它可以管理实例、镜像、创建密匙对，对实例添加卷、操作 Swift 容器等。除此之外，用户还可以在控制面板中使用终端（console）或 VNC 直接访问实例。总之，Horizon 具有如下特点：

① 实例管理：创建、终止实例，查看终端日志，VNC 连接，添加卷等。

② 访问与安全管理：创建安全群组，管理密匙对，设置浮动 IP 等。

③ 偏好设定：对虚拟硬件模板可进行不同的偏好设定。

④ 镜像管理：编辑或删除镜像。

⑤ 查看服务目录。

⑥ 管理用户、配额及项目用途。

⑦ 用户管理：创建用户等。

⑧ 卷管理：创建卷和快照。

⑨ 对象存储处理：创建、删除容器和对象。

⑩ 为项目下载环境变量。

Horizon 是 OpenStack 又一个主要的 Project（工程），它被形象地比喻成 OpenStack 的"仪表盘"（Dashboard）。用户通过 Horizon 这个仪表盘可以看到 OpenStack 后台的所有虚拟硬件资源、虚拟机实例、网络结构、存储设备、用户信息等内容。从图 3-12 中可以看出，Horizon 是整个 OpenStack 其他功能组件的门户，用户通过访问它提供的一个 Web 网页就能够获取其他组件的功能服务和基本信息，从而了解整个 OpenStack 框架中的运行和使用情况。

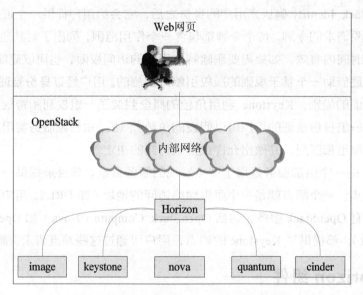

图 3-12　OpenStack 中的 Horizon 组件

Horizon 作为 OpenStack 独立的应用程序组件，其最初的功能是管理 OpenStack 的计算组件，囊括了 OpenStack 中每个组件的视图、组件 API 接口等。从 OpenStack 的 D 版本开始 Horizon 已经能够支持 OpenStack 中所有的组件服务，成为整个云平台的"仪表盘"。从 Horizon 的功能上讲，其功能主要表现在前台 Web 页面和后台 OpenStack 组件 API 调用两个方面：

（1）前台 Web 页面

Web 前台的主要功能是实现 OpenStack 组件的可视化。OpenStack 组件之间通过 REST 接口实现相互通信，而 Horizon 提供的是一种 GUI，用户通过这个 GUI 界面可了解到后台各种组件的工作状态和云平台中的资源。

（2）后台组件 API 调用

Horizon 的 Web 功能的实现借助于对各种组件提供的 API 接口进行调用，它彼此通过 HTTP 协议网络请求，实现 Horizon 对 OpenStack 组件的访问，从而实现组件的 Web 前台可视化。

以上介绍了 Horizon 的基本功能和作用，下面从 Horizon 的基本架构方面对其进行介绍。

Horizon 是一个基于 Django 架构的 Web 应用模块。整个页面的功能界面按照角色的划分分成管理员（administrator）和终端用户（terminal user）。整个 Horizon 都是通过管理员进行管理与控制，管理员可通过 Web 界面管理整个 OpenStack 平台下的资源数量、运行情况，创建用户、虚拟机、向用户指派虚拟机、管理用户的存储资源等内容；当管理员将用户指派到不同的项目以后，用户就可以通过 Horizon 提供的服务进入 OpenStack 中使用管理员分配的各种资源（虚拟机、存储器、网络等）。

　　OpenStack 版本中 Horizon 组件的页面布局整体上分成 3 个"Dashboard"（仪表盘）：用户的 Dashboard、系统 Dashboard 和设置 Dashboard。这 3 个 Dashboard 从不同的角度向相关用户提供 OpenStack 平台中组件信息和组件相对应资源界面的呈现功能。图 3-13 描述的是 Horizon 中不同的仪表盘功能结构，当不同的用户登录 OpenStack 的 Dashboard 中可能显示的内容存在一定的差异，但这 3 个 Dashboard 上所显示的内容仍然来源于 OpenStack 其他组件。Horizon 通过前台的 Web 页面将 OpenStack 其他组件隐藏于后台，以一种形象化的形式，将 OpenStack 框架中的服务、资源呈现给用户。

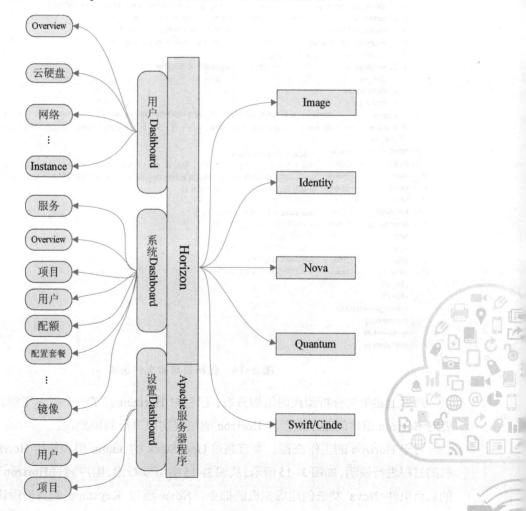

图 3-13　Horizon 中的仪表盘功能结构

需要注意的是，由于 Horizon 参照 Django 的架构进行设计，在 Horizon 中包含一个 Apache 服务器程序，Horizon 通过这个 Apache 服务器对客户端浏览器程序进行网络监听，从而对客户端程序进行响应，整个过程基本上与一般的 B/S 网络通信模式一致，Horizon 相当于 OpenStack 的服务器程序，用户可以使用浏览器对 OpenStack 进行访问。

通过以上分析可以了解到 Horizon 的基本架构，下面对 Horizon 的 Dashboard 主要代码结构进行简要分析。Dashboard 代码分 openstack-dashboard 和 horizon 两部分。openstack-dashboard 中存放了系统用到的所有资源文件，Apache 也是映射这部分代码；horizon 是系统具体显示的代码实现，具体实现基于 Django 框架，但与 Django 标准的代码架构（project+app）不完全相同。图 3-14 所示为代码目录和文件说明。

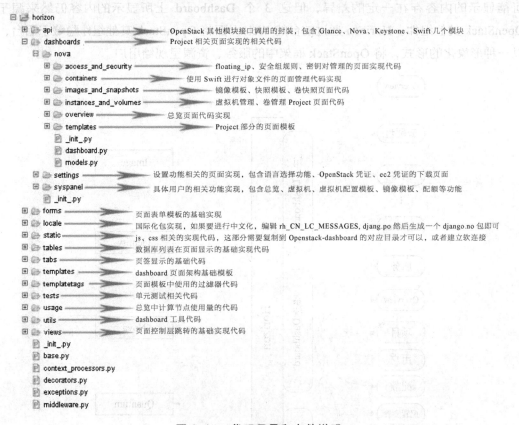

图 3-14　代码目录和文件说明

通过上述架构分析和代码结构分析，已经对 Horizon 有了一个基本了解。以下内容主要对 Horizon 组件的工作流程和 Horizon 的拓展实现进行简单描述。

对于 Horizon 的工作流程，本节通过 OpenStack 的 admin 用户使用 Horizon 创建虚拟机的过程进行说明，如图 3-15 所示。从图 3-15 中可以看出，用户通过 Horizon 向 OpenStack 的后台组件 Nova 发送创建虚拟机的指令，Nova 经过 Keystone 的身份确认以后，使用 Nova-api 实现虚拟机的创建，并将创建的虚拟机的结果显示在 Horizon 的界面上。

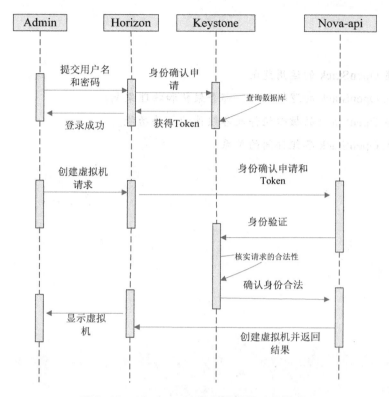

图 3-15　Horizon 创建虚拟机的过程说明

由于 Horizon 采用的 Django 开源架构，并且 OpenStack 本身也是云计算开源社区中重要的一员，读者可通过 OpenStack 的官网（http://www.openstack.org）或 OpenStack 社区下载整个 OpenStack 不同组件的源码，可以在此基础上进行再次的开源拓展。本节通过 Horizon 定制的过程，旨在让读者了解 OpenStack 的界面可以进行个性定制，更为详细的内容可参考 OpenStack 的 Horizon 组件的相关源码。

对于刚刚接触 OpenStack 的读者来讲，Horizon 的定制需要在了解 Horizon 代码架构的基础上进行。感兴趣的读者通过修改网页的配置等文件，可以实现修改 Horizon 的网页标题、页面的汉化、OpenStack 的 Logo 以及 Dashboard 等界面风格，甚至可以重新设计 OpenStack 的界面组件。

小结

本章主要介绍了开源云管理平台 OpenStack，包括 OpenStack 的起源、运用范围、发展历史以及 OpenStack 的整体架构。本章还针对 OpenStack 的计算组件 Nova、认证组件 Keystone、镜像组件 Glance、存储组件 Cinder、网络组件 Quantum 以及仪表盘组件 Horizon 进行了介绍。

习题

1. 简述 OpenStack 的运用范围。
2. 简述 OpenStack 的逻辑架构、部署架构和物理架构。
3. 列举 OpenStack 的核心组件及各组件的主要功能。
4. 简述 OpenStack 各组件间的关系。

第4章
OpenStack 的安装和配置

4.1　OpenStack 核心模块

第 3 章中对 OpenStack 的整体架构和主要模块进行了简单介绍，本节继续深入探讨 OpenStack 的核心模块。

4.1.1　Nova 详解

Nova 是 OpenStack 计算的弹性控制器。OpenStack 云实例生命期所需的各种动作都将由 Nova 进行处理和支撑，这就意味着 Nova 以管理平台的身份登场，负责管理整个云的计算资源、网络、授权及测度。虽然 Nova 本身并不提供任何虚拟能力，但是它将使用 libvirt API 与虚拟机的宿主机进行交互。Nova 通过 Web 服务 API 来对外提供处理接口，而且这些接口与 Amazon 的 Web 服务接口是兼容的。

Nova 和其他 OpenStack 中的项目差不多，只是它应该是最复杂的部分，内容涵盖虚拟化、网络、存储、调度和云计算控制等专业领域知识，其架构如图 4–1 所示。

1. Nova 中涉及的基本概念

Nova 中涉及的基本概念具体如下：

（1）user 与 project

Nova 支持多种验证方式，包括 Ldap、数据库、Keystone 等，因为本文的试验建立在一个完整的 OpenStack POC 的基础上，所以本文使用的是 Keystone 的验证。

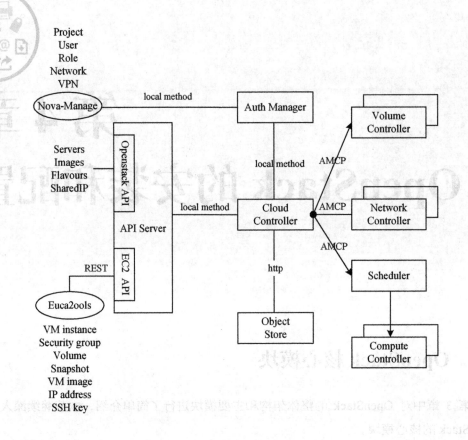

图 4-1 Nova 架构图

Users：每个用户可以通过自己的账号密码或者是 EC2 兼容的 ACCESS_KEY 和 SECRET_KEY 来访问 Nova，同样也可以有自己的 Keypaires。

Projects：用来分隔资源，Nova 已经在 ESSEX 中支持 Keystone 中的 Tenant，所以，如果使用 Keystone，这里的 Project 可以理解为 Tenant。

（2）Virtualization（虚拟化）

Nova 中提供对虚拟化的兼容支持，它本身不提供虚拟化的平台，而是借助已有的如 Xen、KVM、qemu、LXC 和 Vmware 虚拟机。

（3）Instance（运行实例）

一个 Instance 就是运行在 OpenStack 中的一个虚拟机。

（4）Instance Type（实例类型）

这个概念描述了一个虚拟机的配置，实例通过 Image 来启动，在启动时用户可以配置将要运行实例的 CPU、内存、存储空间等。

（5）Storage（存储）

Storage 包含 Volumes 和 Local Storage。

（6）Quotas（限额）

Nova 支持每个项目（Project）一个限额，它表示该项目可以使用的资源。例如，可以使用 Instance 的数量、CPU 的核心数、内存、Volume 和 Floating ip 的数量等。

（7）RBAC（Role based access control）

Nova 提供基于角色的访问控制（RBAC）控制对 API 的访问。一个用户可以拥有一个或多个角色，一个角色用来定义哪些 API 可以被用户使用。

（8）API

Nova 支持 EC2 兼容的 API 和使用自己的 API（OpenStack/Rackspace）。

（9）Networking

Nova 中有 Fixed IPs 和 Floating IPs 的概念。Fixed IP 是虚拟机实例在创建时分配到虚拟机系统中的，并且一直维持这个地址直到虚拟机实例被终止。Floating IPs 是可以被动态加载到已经在运行的虚拟机实例上的，并且 Floating IP 是可以随时分配到其他虚拟机实例上，如图 4-2 所示。

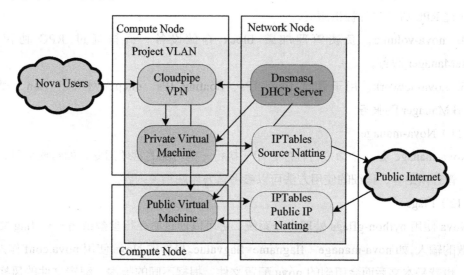

图 4-2　Nova 网络图

在 Nova 中可以通过以下 3 种网络模式实现 Fixed IPs：

① Flat。一种简单的网络模式，虚拟机通过一个地址池（Pool）获得 IP 地址。所有的虚拟机通过搭载相同的桥接（Bridge）网卡（默认是 br100）进行网络通信。虚拟机的网络配置是在其启动之前被注入到 interfaces 文件中的。所以它仅支持 Linux 风格的操作系统，就是通过/etc/network/interfaces 配置网络的操作系统。

② Flat DHCP。类似 Flat 模式，虚拟机通过桥接的方式接入到网络，通过这种模式 Nova 需要多做一些配置尝试桥接到物理网卡（默认 eth0）。它还需要运行一个 DHCP 服务器监听在桥接网卡上。虚拟机通过 DHCP 获得 Fixed IPs。

③ VLAN DHCP。支持最多功能的模式。一般用于多节点的部署。它需要一个支持 vlan 的可管理的交换机，Nova 会为每个项目创建一个 vlan，该项目会获得一个私有网段，并只能通过该网段访问虚拟机。用户如果需要访问该项目下的虚拟机，需要创建一个特殊的 VPN 实例（cloudpip），Nova 会生成一对证书（或者 Key）用于连接 VPN。

（10）Binaries

Nova 提供了一些可执行的文件用于手动运行各项服务。这些文件可运行在同一台机器上，或者单独运行在不同的机器上。

① nova-api。用于接收 XML 请求，并将请求发送给其他的服务。它是一个 WSGI 的程序，由 paste 实现，并用来处理身份验证。它也同时支持 EC2 和 OpenStack 的 API。

② nova-objectstore。是一个简单的基于文件的存储系统，用于兼容大多数 Amazon S3 的 api。根据 OpenStack 的开发计划，这个服务很快会被 Glance 取代。所以现在，用户不需要开启这项服务。

③ nova-compute。负责管理所有的虚拟机，它将 ComputeManager 的服务接口暴露出来，通过 RPC 协议对外提供服务。

④ nova-volume。负责管理加载 block 存储设备，同样通过 RPC 协议提供 VolumeManager 服务。

⑤ nova-network。用于管理 fixed IPs、floating IPs、dhcp、网桥和 vlan，提供对 NetworkManager 的服务。

（11）Nova-manage

Nova-manage 是一个命令行程序，用于执行一些内部的管理指令，如管理项目、管理用户、管理网络等，详细的使用方法可以参考官方网站相关内容。

（12）Flags

Nova 使用 python-gflags 处理命令系统，它可以通过命令行参数或者一个 flag 文件作为参数的输入，如 nova-manage–flagname=flagvalue。最新的 Nova 使用 nova.conf 作为 flag 文件，也就是本文后面会用到的 nova 配置文件。根据不同的版本，配置文件的风格也不一样，有的配置是以–开头，而后面都是以 flag=value 这种格式为准。

（13）Plugins

Nova 的一些服务和功能可以通过插件的形式提供，如身份验证、数据库、virt、网络、Volume 等。例如，virt（或 Connections）可以通过配置文件来设置，Volumes 可以通过插件替代默认（Nexenta、NetApp 这些存储系统作为 Volumes 设备），Compute 可以通过插件连接不同的计算节点。

（14）IPC/RPC

Nova 使用 AMQP 消息标准来处理各服务之间的通信，它默认支持 RabbitMQ 作为消息队列系统，RabbitMQ 是一个基于 Erlang 程序的消息队列服务器，使用非常简单。一个消息队列可以提供本地服务之间的消息交换，也可以提供多台服务器之间的消息交换。可以将 RabbitMQ 单独部署在一台服务器上，为其他如 Glance、Nova 提供消息服务。

（15）Scheduler

Nova 的调度器（Scheduler）作为一个单独的服务，可以通过 nova-scheduler 启动。它用于实现对 Nova 中的一些 Task 进行调度执行，可以通过 filter 筛选任务，如 compute_filter、all_host_filter 等。Nova 中自带的 filter 有 affinity_filter、all_hosts_filter、availability_zone_filter、compute_filter、core_filter、isolated_hosts_filter、json_filter、ram_filter。

（16）Security Groups

一个安全组（Security Groups）是一系列网络访问规则的集合，类似防火墙规则，例如，指定某个网段可以访问一个 Nova 项目中所有虚拟机的 22 端口，而其他网段或者访问其他端口将被拒绝掉。用户可以随时修改这些组策略，当一个新的策略被定义，那么该项目的虚拟机启动后会自动应用于这个访问规则集合。

2．Nova 中的组件

Nova 是 OpenStack 框架中最复杂的一个项目，它涉及的内容比较广泛。下面对 Nova 中的各组件进行详细介绍。

（1）API 服务器（nova-api）

API 服务器提供了云设施与外界交互的接口，它是外界用户对云实施管理的唯一通道。通过使用 Web 服务来调用各种 EC2 的 API，接着 API 服务器便通过消息队列把请求送达至云内目标设施进行处理。作为对 EC2-api 的替代，用户也可以使用 OpenStack 的原生 API，我们把它称为 OpenStack API。

（2）消息队列（Rabbit MQ Server）

OpenStack 内部在遵循 AMQP（高级消息队列协议）的基础上采用消息队列进行通信。Nova 对请求应答进行异步调用，当请求接收后便立即触发一个回调。由于使用了异步通信，用户的动作不会被长置于等待状态。例如，启动一个实例或上传一份镜像的过程较为耗时，API 调用将等待返回结果而不影响其他操作，异步通信起到很大作用，使整个系统变得更加高效。

（3）运算工作站（nova-compute）

运算工作站的主要任务是管理实例的整个生命周期。它们通过消息队列接收请求并执行，从而对实例进行各种操作。在典型实际生产环境下，会架设许多运算工作站，根据调度算法，一个实例可以部署在任意一台可用的运算工作站上。

（4）网络控制器（nova-network）

网络控制器处理主机的网络配置，如 IP 地址分配、配置项目 VLAN、设定安全群组以及为计算节点配置网络。

（5）卷工作站（nova-volume）

卷工作站管理基于 lvm 的实例卷，它能为一个实例创建、删除、附加卷，也可以从一个实例中分离卷。它提供了一种保持实例持续存储的手段，比如当结束一个实例后，根分区如果是非持续化的，那么对其的任何改变都将丢失。可是，如果从一个实例中将卷分离出来，或者为这个实例附加上卷，即使实例被关闭，数据仍然保存其中。这些数据可以通过将卷附加到原实例或其他实例的方式而重新访问。因此，为了日后访问，重要数据务必要写入卷中。这种应用对于数据服务器实例的存储而言，尤为重要。

（6）调度器（nova-scheduler）

调度器负责把 nova-api 调用送达目标。调度器以名为 nova-schedule 的守护进程方式运行，并根据调度算法从可用资源池中恰当地选择运算服务器。有很多因素都可以影响调度结果，如负载、内存、子节点的远近、CPU 架构等。Nova 调度器采用的是可插入式架构。

Nova 调度器使用以下几种基本的调度算法：

① 随机化：主机随机选择可用节点。

② 可用化：与随机相似，只是随机选择的范围被指定。

③ 简单化：应用这种方式，主机选择负载最小者来运行实例。负载数据可以从别处获得，如负载均衡服务器。

以上对 Nova 中的主要子服务进行了说明，下面将对这些组件的工作关系进行介绍。

图 4-3 为 Nova 内部结构示意图，从图中可以看出 Nova 的各个子服务均为高内聚低耦合。模块与模块间通过 MQ 转发消息，彼此感知不到对方的存在。通过利用 MQ，Nova 的各个模块可以做到许多强大的特性：

① 群能力：依靠 MQ，Nova 的每个服务均可独立部署，并且每一个服务均可以部署对等的多份，以提高处理能力。

② 在线扩容：由于 MQ 提供的 Topic、queue、Broadcast 能力，Nova 可以在运行时增加服务数量以保证高负载的应用场景，而不用暂时服务。

③ Fail Over：MQ 自带持久化能力，在消息未消费时 MQ 会自动记录当前消息的索引，当 consumer 重新连接时，会自动根据索引取出未消费的消息，如 nova-compute 服务停止，nova-api 发布的消息未能被 nova-compute 及时处理，前端的操作虽然暂时不能被执行，但这不代表这段时间内用户操作的丢失，nova-compute 重启时会自动取出这段时间内的消息并逐个执行。

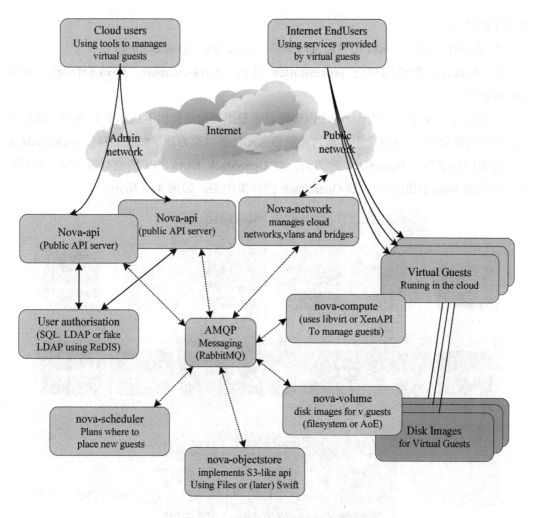

图 4-3　Nova 内部结构示意图

不仅是 Nova，整个 OpenStack 的架构都是基于消息的分布式架构，所以 OpenStack 本身的设计就决定了其强大的扩展能力。但是，仍有缺陷有待优化：

① 服务状态无法感知：消息通过 MQ 转发后，producer 无法感知到 consumer 的行为，比如 nova-compute 服务停止，在 creeper 停止虚拟机，会收到操作成功的提示，但是无论等多久，虚拟机状态都不会被正确更新，这就需要监控模块能及时发现后端服务的异常，并通知管理员或自动处理。

② 联机事物难以控制：分布式情况下的消息无法保证每次都会转发到同一台机器上，意味着在开发时，要尽量把一个接口做成原子化，防止业务分拆导致的事物不一致。这不仅适用于 Nova，所有的 OpenStack 模块，都要考虑如何对外提供原子性服务，保证数据事物的一致。

以上介绍了很多 OpenStack Nova 的逻辑组件，但主要看用户自定义的 python 编写的两种守护进程。

① WSGI 应用程序接收和中转 API 请求（nova-api、glance-api 等）。

② Worker 守护进程执行 orchestration 任务（nova-compute、nova-network、nova-schedule 等）。

尽管这样，有两个重要部分的逻辑架构既不是用户自定义也不是基于 Python 编程，而是消息队列和数据库。这两个组件通过消息传递和信息共享方便了复杂的异步 orchestration。

现在已经了解了 OpenStack 的架构，对 OpenStack Nova 的架构也有所了解，就可以很容易的把 Nova 的组件对应到 OpenStack 的框架中去，如图 4-4 所示。

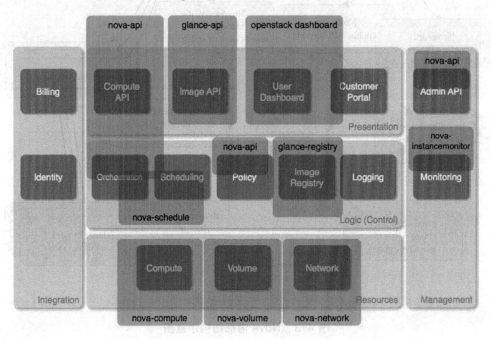

图 4-4 Nova 对应 OpenStack 组件图

从图 4-4 中可以清晰地看到，该概念性架构层次清晰，用户可能有开发者、普通的用户及管理员，分成 5 个层次：

① 表示层。组件在这一层与用户交互、接受和提供信息。在这一层，web portals 为非开发人员提供门户网站和为开发人员提供 API。如果是更复杂的结构，负载均衡、控制代理、安全和名称服务也都会在这层出现。

② 逻辑层。提供云智能和控制功能。这一层包括部署（对应于复杂任务的工作流程）、调度（确定资源工作的映射）、政策（配额等）、镜像注册表（实例镜像的元数据）及日志（对事件进行记录）。

③ 资源层。为整个框架提供网络、计算、存储等资源。

④ 管理层。为云框架管理者提供管理和监控功能。

⑤ 集成层。为框架提供集成功能，如服务提供商已经有一个客户的身份和计费系统，任何云架构都需要整合这些系统。

以上介绍了 Nova 各个组件之间的工作关系，下面对 Nova 的 API 模块进行介绍。

OpenStack 的各个服务之间通过统一的 REST 风格的 API 调用，实现系统的松耦合。图 4-5 所示是 OpenStack 各个服务之间 API 调用的概览，其中实线代表 Client 的 API 调用，虚线代表各个组件之间通过 RPC 调用进行通信。松耦合架构的好处是，各个组件的开发人员可以只关注各自的领域，对各自领域的修改不会影响到其他开发人员。不过从另一方面来讲，这种松耦合的架构也给整个系统的维护带来了一定的困难，运维人员要掌握更多的系统相关的知识去调试出了问题的组件。所以无论对于开发还是维护人员，搞清楚各个组件之间的相互调用关系是非常必要的。

Nova API 服务是 OpenStack Nova 模块的核心模块。API 服务使 Nova 计算模块的命令和控制流程，为用户提供服务。API 是一个 HTTP Web 服务，负责处理认证、授权、基本命令和控制功能。默认情况下，nova-api 监控 8774 端口。为了接受和处理 API 请求，nova-api 初始化大部分流程服务（如驱动 server 和创建 flavors），同时初始化策略（认证、授权和配额检查）。对于一小部分请求，它通过查询数据库处理整个请求，然后返回处理后的结果。对大部分复杂的请求，通过向数据库写信息和把消息发送到队列的方式，向其他服务进程发送消息。

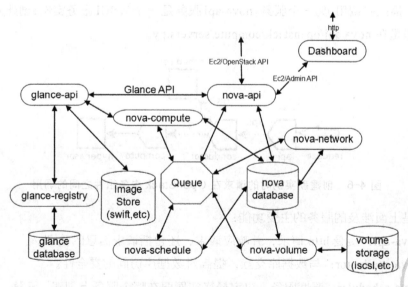

图 4-5　OpenStack 各个服务之间 API 调用图

在介绍完 nova-api 后，下面对 Nova Client 进行分析。OpenStack 提供了一个 rest 形式的 web api 接口供外部用户调用，为了方便对它的使用，OpenStack 提供一个可以被 Python 直接调用的封装过的官方 client api（如 Nova-client、Glance-client），在 OpenStack

的项目中，一些跨项目的服务的调用就是使用 client api，在安装 OpenStack 时这些 API 必须被安装。各个 client 可能因为开发的人员不同实现起来是有差异的，这里就以比较有代表性的 nova-client 为例进行说明。

nova-client 是一个命令行的客户端应用，终端用户可以从 nova-client 发起一个 API 请求到 nova-api，nova-api 服务会转发该请求到相应的组件上。同时，nova-api 支持对 cinder 等的请求转发，也就是可以在 nova-client 直接向 cinder 发送请求。可以在调用 nova-client 增加 debug 选项打印更多的 debug 消息，通过这些 debug 信息可以了解到如果需要发起一个完整的业务层面上的请求，都需要跟哪些服务打交道。

例如，执行一个 boot 新实例的操作需要发送如下几个 API 请求：

① 向 Keystone 发送请求，获取租户的认证 token。

② 通过拿到的 token，向 nova-api 服务发送请求，验证 image 是否存在。

③ 通过拿到的 token，向 nova-api 服务发送请求，验证创建的 favor 是否存在。

④ 请求创建一个新的 instance，需要的元数据信息包含在 body 中。

nova-client 帮助用户把需要的全部请求放到一起，而最重要的是④。如果用户想通过 rest api 直接发送 http 请求，可以直接使用④，前提是先通过调用 keystone 服务得到认证 token。

图 4-6 是一个全局的流程图，图中每个服务是一个单独的进程实例，它们之间通过 rpc 调用（广播或者调用）另一个服务。nova-api 服务是一个 WSGI 服务实例，创建新 instance 的入口代码是在 nova/api/openstack/compute/servers.py。

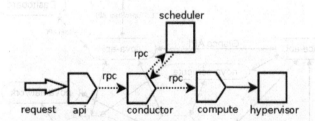

图 4-6 创建新实例时的请求在 OpenStack 中各组件之间的调用

以下是上面涉及的服务的主要功能：

① nova-api：接受 http 请求，并响应请求，还包括请求信息的验证。

② nova-conductor：与数据库交互，提高对数据库访问的安全性。

③ nova-scheduler：调度服务，决定最终实例要在哪个服务上创建。迁移、重建等都需要通过这个服务。

④ nova-compute：调用虚拟机管理程序，完成虚拟机的创建和运行以及控制。

以上基本包含 Nova 项目的全部服务，但一个请求有时并不需要经过全部的服务。compute_api 直接调用 RPC 消息请求，所以，直接将消息发送给 nova-compute 服务，所以最终各个组件之间的调用关系如图 4-7 所示。

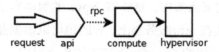

图 4-7　compute_api 直接调用 rpc 消息请求

Nova compute 是一个非常重要的守护进程，负责创建和终止虚拟机实例，即管理着虚拟机实例的生命周期。该模块内部非常复杂，其基本原理可简单归纳为接收来自队列的动作然后执行一系列的系统操作（如启动一个 KVM 实例），并更新数据库的状态。该模块是 Nova 的核心，它针对整个计算节点上的一切资源进行管理，OpenStack 通过计算控制器（Compute controller）能够提供计算资源，nova-api 接收计算服务请求，使用 API 的方式分发到 Compute 控制器，Compute 控制器控制运行在宿主机上的计算实例，nova-compute 主要进行运行实例、结束实例、重启实例、接触卷、断开卷的操作。

一般可以采用命令"nova boot --image ttylinux --flavor 1 i-01"创建虚拟机，其整个过程大体上可分成以下几个步骤：

① nova-boot 命令一旦执行，首先由 nova-api 受理请求，此时 nova-api 发出一个 REST 请求，nova-api 将创建虚拟机的请求放置在消息队列中，同时生成一个 uuid，并将这个 uuid 存储在数据库中。

② 调度器 nova-scheduler 从消息队列中获取该消息以后，根据命令参数中的 flavor 配置信息，寻找一个可用的计算节点，如果没有合适部署的计算节点，虚拟机的状态则显示 ERROR。

③ 一旦确定可用的计算节点，nova-compute 发出 nova-network 消息，申请虚拟机的网络配置，此时的虚拟机状态是 scheduling。

④ 从 fixed IP 表中给虚拟机指派 IP 地址，同时 DHCP server 对 fixed IP 和 MAC 地址进行关联；另外，此时网络组件还可根据 OpenStack 中浮动 IP 的设置，给虚拟机绑定一个 floating IP，使该虚拟机能够访问外部网络。

⑤ 发送消息通知虚拟机所在的物理计算节点上的 nova-compute 服务。

⑥ 计算节点接收到该消息后，从 Glance 中获取镜像，并创建虚拟机，完成后虚拟机的状态就修改成 ACTIVE 状态。

Nova 中各个组件之间的交互是通过"消息队列"来实现的，"消息队列"的一种实现方法就是使用 RabbitMQ。消息队列（Queue）与数据库（Database）作为 Nova 总体架构中的两个重要组成部分，两者通过系统内消息传递和信息共享的方式实现任务之间、模块之间、接口之间的异步部署，在系统层面上大大简化了复杂任务的调度流程与模式，这也是整个 OpenStack Nova 系统的核心功能模块。终端用户（DevOps、Developers 和其他 OpenStack 组件）主要通过 Nova API 实现与 OpenStack 系统的互动，同时 Nova 守护进程之间通过消息队列和数据库来交换信息以执行 API 请求，完成终端用户的云服务请求。

Nova 采用基于消息的灵活架构，意味着 Nova 的组件有多种安装方式，可以将每个 Nova Service 模块单独安装在一台服务器上，同时也可以根据业务需求将多个模块组合安装在多台服务器上，这一点贯穿 OpenStack 部署的整个过程。

RabbitMQ 是流行的开源消息队列系统，用 Erlang 语言开发。RabbitMQ 是 AMQP（高级消息队列协议）的标准实现。在正式介绍 RabbitMQ 与 AMQP 之前，需要对以下几个概念进行说明，以便于读者后续的阅读：

① Broker：消息队列服务器实体。

② Exchange：消息交换机，它指定消息按什么规则，路由到哪个队列。

③ Queue：消息队列载体，每个消息都会被投入到一个或多个队列。

④ Binding：绑定，它的作用是把 Exchange 和 Queue 按照路由规则绑定起来。

⑤ Routing Key：路由关键字，Exchange 根据这个关键字进行消息投递。

⑥ Vhost：虚拟主机，一个 Broker 中可以开设多个 vhost，用作不同用户的权限分离。

⑦ Producer：消息生产者，投递消息的程序。

⑧ Consumer：消息消费者，接受消息的程序。

⑨ Channel：消息通道，在客户端的每个连接中可建立多个 channel，每个 channel 代表一个会话任务。

在以上几个概念中，需要了解 Producer、Consumer、Exchange 与 Queue 之间的关系。Producer 是消息发送者，Consumer 是消息接受者，中间要通过 Exchange 和 Queue。Producer 将消息发送给 Exchange，Exchange 决定消息的路由，即决定要将消息发送给哪个 Queue，然后 Consumer 从 Queue 中取出消息，进行处理。

在介绍完 Nova compute 和 RabbitMQ 之后，将对 Nova-scheduler 进行介绍。Nova-scheduler 的架构相对比较简单易懂，但 Nova-scheduler 在 OpenStack 中的作用却是非常重要的，负责虚拟机的调度，决定虚拟机或 volume 磁盘等运行在哪台物理服务器上。Nova-scheduler 看似简单，是因为其实现了非常好的架构，方便开发者根据业务或产品特点自行增添适合的调度算法。

Nova-scheduler 主要完成虚拟机实例的调度分配任务，创建虚拟机时，虚拟机应该调度到哪台物理机上，迁移时若没有指定主机，也需要经过 scheduler 进行指派。资源调度是云平台中的一个关键问题，如何做到资源的有效分配，如何满足不同情况的分配方式，都需要 nova- scheduler 的参与，并且能够很方便地扩展更多的调度方法。

一般来讲，决策一个虚拟机应该调度到某物理节点需要分两个步骤：过滤（Fliter）和计算权值（Weight），如图 4-8 所示。

第一步通过过滤，过滤掉不符合要求或镜像要求（如物理节点不支持 64 bit，物理节点不支持 Vmware EXi 等）的主机，留下符合过滤算法的主机集合。在图 4-8 中，Host1～Host6 经过过滤后，Host2 和 Host4 因不符合过滤算法而被去除。

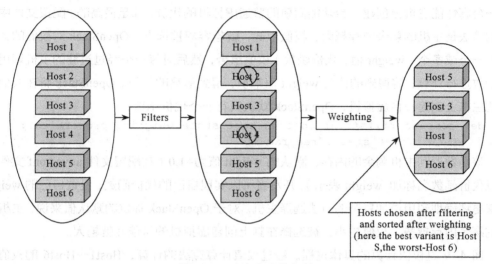

图 4-8　过滤和计算权值

OpenStack 默认支持多种过滤策略，开发者也可实现自己的过滤策略。在 nova.scheduler.filters 包中的过滤器有以下几种：

① AllHostsFilter：不做任何过滤，直接返回所有可用的主机列表。

② AvailabilityZoneFilter：返回创建虚拟机参数指定的集群内的主机。

③ ComputeFilter：根据创建虚拟机规格属性选择主机。

④ CoreFilter：根据 CPU 数过滤主机。

⑤ IsolatedHostsFilter：根据"image_isolated"和"host_isolated"标志选择主机。

⑥ JsonFilter：根据简单的 JSON 字符串指定的规则选择主机。

⑦ RamFilter：根据指定的 RAM 值选择资源足够的主机。

⑧ SimpleCIDRAffinityFilter：选择在同一 IP 段内的主机。

⑨ DifferentHostFilter：选择与一组虚拟机不同位置的主机。

⑩ SameHostFilter：选择与一组虚拟机相同位置的主机。

在选择完过滤器之后，需要在 nova.conf 文件中配置以下两项：scheduler_available_filters，指定所有可用过滤器，默认是 nova.scheduler.filters.standard_filters（一个函数），该函数返回 nova.scheduler.filters 包中所有的过滤器类；scheduler_default_filters，指定默认使用的过滤器列表。如果要实现自己的过滤器，可以继承自 BaseHostFilter 类，重写 host_passes 方法，返回 True 表示主机可用，然后在配置文件中添加自己的过滤器。

第二步进行虚拟机消耗权值的计算。经过主机过滤后，需要对主机进行权值计算，通过指定的权值计算算法，计算在某物理节点上申请某个虚拟机所必须的消耗 Cost（物理节点越不适合这个虚拟机，消耗 Cost 就越大，权值 Weight 就越大），调度算法会选择权值最小的主机。比如说在一台低性能主机上创建一台功能复杂的高级虚拟机的代价，或者在一台高性能主机上创建一台功能简单的普通虚拟机的代价，都是最高的。配置文件中默认的算法是主机的剩余内存越大，权值越低，就越容易被选上，OpenStack 对权值的计算需要一个或多个（weight 值，代价函数）权值组合，然后对每一个经过过滤的主机调用代价函数进行计算，将得到的值与 weight 值乘积，得到最终的权值。OpenStack 将在权值最小的主机上创建一台虚拟机，OpenStack 默认只有一个代价函数：

```
def compute_fill_first_cost_fn(host_state,weighing_properties):
    return host_state.free_ram_mb
```

该函数返回主机剩余的内存，默认的 weight 值为–1.0（在配置文件 nova.conf 文件中是以代价函数名称加 _weight 表示）。开发者可以实现自己的代价函数，设置自己的 weight 值来更精确地利用更加复杂的算法选择主机。对于 OpenStack 提供的默认值来说，主机拥有的剩余内存越多，权值越小，被选择在其上创建虚拟机的可能性就越大。

图 4–9 是权值计算的具体过程。经过权值计算算法的计算，Host1～Host6 的权值分别为 12，87，23，10，56，40。其中，权值最小的主机为 Host4，权值最大的主机为 Host2。

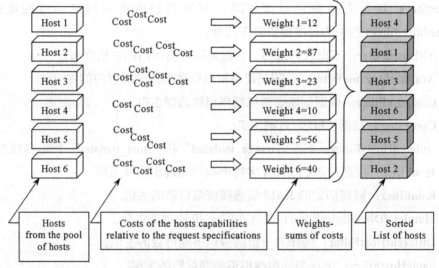

图 4-9　过滤和计算权值具体过程

在介绍完 Nova 的传统组件之后，下面对 Nova 的新增组件 Nova Cell 进行简要分析。

Nova Cell 是 OpenStack 在 G release 版提出的一个新的模块。Nova Cell 着眼于更加弹性化的云环境，允许用户通过分布式形式构建一个更加灵活的 OpenStack Compute 云环境，且不需要引入复杂的技术，不影响已部署的 OpenStack 云环境，更好地支持大规模的部署。Nova Cell 模块以树状结构为基础，主要包括 API-Cell（根 Cell）与 Child-Cell 两种形式。API-Cell 运行 nova-api 服务，每个 Child-Cell 运行除 nova-api 外的所有 nova-*服务，且每个 Child-Cell 运行自己的消息队列、数据库及 nova-cells 服务。

Nova Cell 允许用户在不影响现有 OpenStack 云环境的前提下，增强横向扩展、大规模部署能力。当 Nova Cell 模块启用后，OpenStack 云环境被分成多个子 Cell，并且是以在原 OpenStack 云环境中添加子 Cell 的方式，拓展云环境，以减少对原云环境的影响。每个 Cell 都运行 nova-cells 服务，用于与其他 Cell 通信。截至目前，Cells 之间的通信只支持 RPC 服务。Nova Cell 模块中 Cells 的调度与 Compute Host 节点的调度是相互分离的。nova-cells 负责为特定操作选取合适的 Cell，并将 request 发送至此 Cell 的 nova-cells 服务进行处理，Target Child Cell 会对请求进行处理，并发送至 Cell 的 Compute Host 调度进行处理。

4.1.2　Glance 详解

基于 OpenStack 是构建基本的 Iaas 平台对外提供虚拟机，而虚拟机在创建时必须为其选择操作系统，Glance 服务器就是为该选择提供不同的系统镜像。OpenStack 的终极目的是为用户创建一定配置需求的虚拟机，OpenStack 用 Image 创建以及重构虚拟机，OpenStack 由 Glance 提供 Image 服务。Glance 服务使用户能够发现、注册、检索虚拟机的镜像，它提供一个能够查询虚拟机镜像元数据和检索真实镜像的 REST API。REST API 的体现就是一个 URI，而在 Glance 中通过一个 URI 地址来唯一标示一个镜像的形式。理解 Glance 服务首先需要理解什么是 Image 以及为什么要用 Image。

在传统 IT 环境下，安装一个系统要么从 CD 重新安装，要么用 Ghost 等克隆工具恢复。这两种方式有如下几个问题：

① 如果要安装的系统太多，则效率就很低。

② 时间长，工作量大。

③ 安装完成之后，还需要进行手工配置，如安装其他软件、设置 IP 等。

④ 备份和恢复系统不够灵活。

云环境下需要更高效的解决方案，这就是 Image。Image 是一个模板，里面包含了基本的操作系统和其他软件。举例来说，有家公司需要为每位员工配置一套办公系统，一般需要一个 Windows 7 系统再加 Office 软件。OpenStack 可以通过相应组件先安装好一个虚拟机，然后对虚拟机执行快照，这样就得到了一个 Image。当有新员工入职需要办公环境时，立马启动一个或多个该 Image 的虚拟机即可。

Image Service 的功能是管理 Image，让用户能够发现、获取和保存 Image。在 OpenStack 中，提供 Image Service 的是 Glance，具体功能如下：

① 提供 REST API 让用户能够查询和获取 Image 的元数据和 Image 本身。

② 支持多种方式存储 Image，包括普通的文件系统、Swift、Amazon S3 等。

③ 对 Instance 执行 Snapshot 创建新的 Image。

由于 Glance 是 OpenStack 中针对镜像服务的一个独立组件，在介绍 Glance 之前需要对镜像的一些基本概念有一定的了解。

（1）镜像状态（Image Status）

镜像状态是 Glance 管理镜像重要的一个内容。Glance 组件给整个 OpenStack 提供的镜像查询和检索，Glance 均可通过虚拟机镜像的状态感知某一镜像的可用状态。一般来讲，OpenStack 中镜像的状态分成以下几种：

① Queued。Queued 状态是一种初始化镜像状态，镜像文件刚刚被创建时，Glance 数据库中已经保存了镜像标示符，但还没有上传至 Glance 中，此时的 Glance 对镜像数据没有任何描述，其存储空间为 0。

② Saving。Saving 状态是镜像的原始数据在上传中的一种过度状态，它产生在镜像数据上传至 Glance 的过程中，一般来讲，Glance 收到一个 image 请求后，才将镜像上传给 Glance。

③ Active。Active 状态是当镜像成功上传完毕以后的一种状态，它表明 Glance 中可用的镜像。

④ Killed。Killed 状态出现在镜像上传失败或者镜像文件不可读的情况下，Glance 将镜像状态设置成 Killed。

⑤ Deleted。Deleted 状态表明一个镜像文件马上会被删除，只是当前 Glance 这种仍然保留该镜像文件的相关信息和原始镜像数据。

⑥ Pending_delete。Pending_delete 状态类似于 Deleted，虽然此时的镜像文件没有被删除，但镜像文件已不能恢复。

图 4-10 描述的是 Glance 中镜像文件的状态转换过程，正常情况一个镜像一般会经历 Queued、Saving、Active 和 Deleted 过程，其他几种状态则是只有镜像出现异常时才会出现。

（2）磁盘格式（Disk Forma）

在 OpenStack 中 Nova 使用 KVM 虚拟技术将 Glance 中的镜像部署成若干具有独立运算功能的虚拟机，每个虚拟机给用户的感觉和实际的物理主机基本上没有任何区别，它们也包含虚拟的处理器、内存和磁盘，甚至还包含一些虚拟的物理外设，Glance 中的磁盘格式指的是虚拟机镜像的磁盘格式。在创建虚拟机时，需要指定镜像的磁盘格式。表 4-1 所示是 OpenStack 支持的镜像文件磁盘格式。

（3）容器格式（Container Format）

从文件角度，Glance 中的容器格式是指虚拟镜像的文件格式，Glance 对镜像文件进行管理，往往把镜像元数据装载于一个"容器"（信封）中。在这个容器中包含了虚拟机的元数据（metadata）和其他相关信息等数据。在创建虚拟镜像文件时，需要管理员指定镜像的 Container Format，如表 4-2 所示。

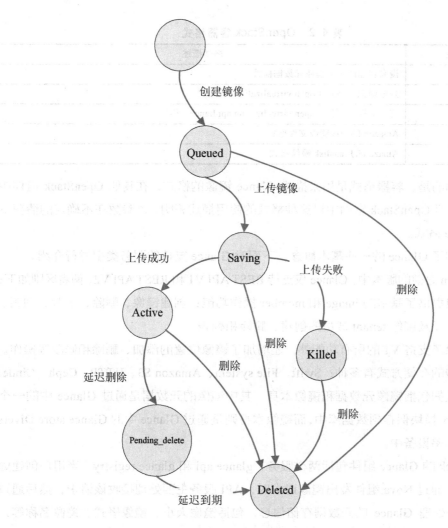

图 4-10 镜像状态转换

表 4-1 OpenStack 支持的镜像文件磁盘格式

格式类型	格式描述
Raw	无结构的磁盘格式
Vhd	通用的虚拟机磁盘格式，该格式适用于 Vmware、Xen、Microsoft、VirtualBox 等虚拟机镜像
Vmdk	另一种通用的虚拟机磁盘格式，和 vhd 基本一样的格式
Vdi	VirtualBox 和 QEMU 支持的一种磁盘格式
Iso	光盘数据格式
qcow2	Qemu 支持的一种动态可扩展的磁盘格式，支持 copy on write 磁盘操作
Aki	Amazon 的内核镜像文件格式
Ari	Amazon 的 ramdisk 镜像格式

表 4-2　OpenStack 容器格式

格式类型	格式描述
bare	没有容器的一种镜像元数据格式
ovf	开放虚拟化格式（open virtualization format）
Ova	开放虚拟化设备（open virtualization appliance）格式
Aki	Amazon 的内核镜像文件格式
Ari	Amazon 的 ramdisk 镜像格式

需要说明的是，容器格式是用来描述 Glance 镜像的格式，在其他 OpenStack 组件中没有使用。按照 OpenStack 官网中对这种格式的使用描述表明，该参数在不确定的情况下可以使用 bare 格式。

以上介绍了 Glance 的一些基本概念，下面对 Glance 支持的服务类型进行介绍。

在 Newton 之前的版本中，Glance 仅支持 REST API V1 和 REST API V2，两者区别如下：

① V1 只提供了基本的 image 和 member 操作功能：创建镜像、删除、下载、列表、查询、更新，以及镜像 tenant 成员的创建、删除和列表。

② V2 除了支持 V1 的所有功能外，还增加了镜像位置的添加、删除和修改等操作。

镜像上传的存储方式有多种：Swift、File system、Amazon S3、HTTP、Ceph、Cinder 等。镜像的数据包括镜像元数据和镜像本身。其中镜像的元数据是通过 Glance 中的一个 Glance-registry 模块保存到数据库中，而镜像本身则是通过 Glance 中的 Glance store Divers 存放到各种存储设备中。

OpenStack 的 Glance 组件包括两个服务：glance api 和 glance registry。当用户创建虚拟机请求时，通过 Nova 组件发出镜像请求时，API 服务主要处理接收该请求，然后通过 Registry 服务处理 Glance 的元数据存储信息，包括镜像大小、镜像格式、镜像名称等，同时用户可以自定义镜像或者虚拟机实例的后台存储，默认存储在宿主机的本地文件系统中，用户可以选择比较丰富的后台存储方案，而今大多使用 Ceph 来实现。

图 4-11 所示为 Glance 架构图。从图中可以看出 Glance 包含 glance-api、glance-registry、database、store-backend 组件。glance-api 是系统后台运行的服务进程，对外提供 REST API，响应 image 查询、获取和存储的调用。glance-api 不会真正处理请求，如果是与 image metadata（元数据）相关的操作，glance-api 会把请求转发给 glance-registry。如果是与 Image 自身存取相关的操作，glance-api 会把请求转发给该 image 的 store backend。在控制节点上可以查看 glance-api 进程。glance-registry 是系统后台运行的服务进程。负责处理和存取 Image 的 metadata，如 Image 的大小和类型。Image 的 metadata 会保存到 database 中，默认是 MySQL。在控制节点上可以查看 Glance 的 database 信息。Glance 自己并不存储 Image，真正的 Image 是存放在 Backend 中的。Glance 支持多种 Backend，具体使用哪种 Backend，可在/etc/glance/glance-api.conf 文件中配置。

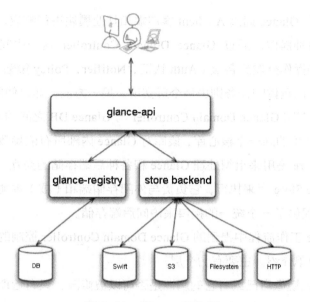

图 4-11　Glance 架构图

以上介绍了 Glance 的有关组件，下面介绍 Glance 与 OpenStack 与其他服务的关系。

同 Keystone 一样，Glance 是 IaaS 的另外一个中心，Keystone 是关于权限的中心，而 Glance 是关于镜像的中心。Glance 可以被终端用户或者 Nova 服务访问：接受磁盘或者镜像的 API 请求和定义镜像元数据的操作。图 4–12 所示为 Glance 的工作流程图。

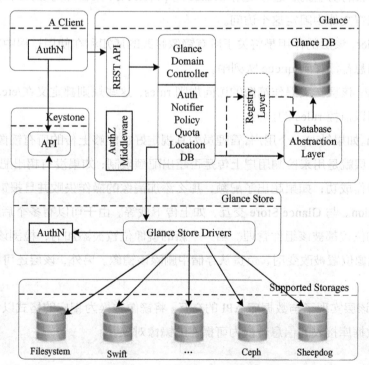

图 4-12　Glance 的工作流程图

在图 4-12 中，Glance 通过 A Client 客户端和其他模块进行响应。通过 REST API 来执行关于镜像的各种操作。通过 Glance Domain Controller 这一中间件来实现调度，将 Glance 内部服务的操作分发到各层（Auth 认证、Notifier、Policy 策略、Quota、Location、DB 数据库连接），而具体的任务则由每个层实现。另一方面，通过使用 Registry Layer 这个单独的服务，来控制 Glance Domain Controller 与 Glance DB 之间的通信。Glance DB 则是 Glance 服务所使用的同一个核心库，该库对 Glance 内部所有依赖数据库的组件来说是共享的。Glance Store 是用来组织处理 Glance 和各种后端存储的交互，所有的文件操作都是通过调用 Glance Store 库来执行，它负责与外部存储端和（或）本地文件存储系统的交互。Glance Store 提供了一个统一的接口来访问后端存储。

下面对 Glance 工作流程中提到的 Glance Domain Controller 控制的内部服务操作分发到的各个层进行简单介绍。主要有七个层：

① Auth。验证镜像自己或者它的属性是否可以被修改，只有管理员和镜像的拥有者才可以执行修改操作，否则保存。

② Property protection。该层为可选层，只有在 Glance 的配置文件中设置了 property_protection_file 参数才会生效，它提供了两种类型的镜像属性。一种是核心属性，是在镜像参数中指定的；另一种是元数据属性，是任意可以被附加到一个镜像上的 key/value。该层的功能就是通过调用 Glance 的 public API 来管理对 meta 属性的访问，也可以在它的配置文件中限定这个访问。

③ Notifier。该层的作用是将关于所有镜像修改的通知和在使用过程中发生的所有的异常和警告信息都添加到 queue 队列中。

④ Policy。该层定义操作镜像的访问规则 rules，这些规则都定义在/etc/policy.json 文件中，另外可以监控 rules 的执行。

⑤ Quota。如果针对一个用户，管理员为其规定好它能够上传的所有镜像的大小配额，此处的 Quota 层就是用来检测用户上传是否超出配额限制：如果没有超出配额限制，那么添加镜像的操作成功；如果超出了配额，那么添加镜像的操作失败并且报错。

⑥ Location。与 Glance Store 交互，如上传下载等。由于可以有多个后端存储，不同的镜像存放的位置都被该组件管理。当一个新的镜像位置被添加时，检测该 URI 是否正确。当一个镜像位置被改变时，负责从存储中删除该镜像。另外，该层还可以阻止镜像位置的重复。

⑦ DB。该层实现了与数据库 API 的交互。将镜像转换为相应的格式以记录在数据库中，并且从数据库接收的信息转换为可操作的镜像对象。

4.1.3　Keystone 详解

Keystone 作为 OpenStack 的 Identity Service，提供了用户信息管理和完成各个模块认证服务。在 OpenStack 中 Keystone 有两个作用：

① 权限管理（用户的建权、授权；涉及的概念有用户、租户、角色）。租户是一组用户的集合，租户可以是一个企业一个部门一个小组等。租户与用户之间往往是多对多的关系。

② 服务目录（服务、端点）。OpenStack 的每个服务需要在 Keystone 中注册以后才能提供给用户去使用，端点 Endpoint 可以理解为服务暴露出来的访问点，每一个端点都对应一个服务的访问接口的实例。

从架构方面讲，Keystone 非常简单。它处理所有 API 请求，提供 Identity、Token、Catalog 和 Policy 服务。可以通过 API 网络将 Keystone 作为一组已暴露的前端服务进行组织：

① Identity 服务验证了身份验证凭证，并提供了所有相关的元数据。

② 在验证了用户的凭证后，Token 服务将会验证并管理用于验证请求身份的令牌。

③ Catalog 服务提供了可用于端点发现的服务注册表。

④ Policy 服务暴露了一个基于规则的身份验证引擎。

每个 Keystone 功能都支持用于集成到异构环境并展示不同功能的后端插件。更常见的一些后端包括：

① Key Value Store：一个接口，支持主键查找，如内存中的字典。

② Memcached：分布式内存缓冲系统。

③ Structured Query Language（SQL）：使用 SQLAlchemy（一个 Python SQL 工具包和 Object Relational Mapper）永久存储数据。

④ Pluggable Authentication Module（PAM）：使用本地系统的 PAM 服务进行身份验证。

⑤ Lightweight Directory Access Protocol（LDAP）：通过 LDAP 连接到一个后端字典，如 Active Directory，以便验证用户身份并获取角色信息。

Keystone 中主要涉及如下几个概念：User、Tenant、Role、Token。下面对这几个概念进行简要说明。

① User。顾名思义就是使用服务的用户，可以是人、服务或者是系统，只要是使用了 OpenStack 服务的对象都可以称为用户。代表一个个体，OpenStack 以用户的形式来授权服务给它们。用户拥有证书（Credentials），且可能分配给一个或多个租户。经过验证后，会为每个单独的租户提供一个特定的令牌。

② Tenant。租户，可以理解为一个人、项目或者组织拥有的资源的合集。在一个租

户中可以拥有很多个用户，这些用户可以根据权限的划分使用租户中的资源。一个租户映射到一个 Nova 的 "project-id"，在对象存储中，一个租户可以有多个容器。根据不同的安装方式，一个租户可以代表一个客户、账号、组织或项目。

③ Role。角色，用于分配操作的权限。角色可以被指定给用户，使得该用户获得角色对应的操作权限。一个角色是应用于某个租户的使用权限集合，以允许某个指定用户访问或使用特定操作。角色是使用权限的逻辑分组，它使得通用的权限可以简单地分组并绑定到与某个指定租户相关的用户。为了维护安全限定，就云内特定用户可执行的操作而言，该用户关联的角色是非常重要的。

④ Token。指的是一串比特值或者字符串，用来作为访问资源的记号。Token 中含有可访问资源的范围和有效时间。

如果把宾馆比作 OpenStack，那么宾馆的中央管理系统就是 Keystone，入住宾馆的人就是 User。在宾馆中拥有很多不同的房间，房间提供了不同的服务（Service）。在入住宾馆前，User 需要给出身份证（Credential），中央管理系统（Keystone）在确认 User 的身份后（Authenticaiton），会给你一个房卡（Token）和导航地图（Endpoint）。不同 VIP（Role）级别的 User，拥有不同权限的房卡（Token），如果 VIP（Role）等级高，则可以享受到豪华的总统套房。然后 User 拿着房卡（Token）和地图（Endpoint）就可以进入特定的房间去享受不同的 Services。每一个服务（Services）中都拥有一些特定资源（Project），User 可以根据自己的权限来使用这些资源。表 4-3 所示为 Keystone 的组件类比。

表 4-3　Keystone 的组件类比

组　　件	类　　比
OpenStack	宾馆
Keystone	中央管理系统
Project	旅游项目，拥有宾馆的某些资源
User	旅客
Credentials	旅客的身份证
Authentication	确定旅客身份的过程
Token	房卡
Role	VIP 等级
Endpoint	服务提供场所的地址
Service	宾馆可以提供的服务类别

通过以上对比说明了 Keystone 的基本情况，下面对其与其他服务之间的关系做出说明。

通过图 4-13 说明 Keystone 和其他 OpenStack 服务之间是如何交互和协同工作的。首先用户向 Keystone 提供自己的身份验证信息，如用户名和密码。Keystone 会从数据库中读取数据对其验证，如验证通过，会向用户返回一个 token，此后用户所有的请求都会使用该 Token 进行身份验证。如用户向 Nova 申请虚拟机服务，Nova 会将用户提供的 Token 发给 Keystone 进行验证，Keystone 会根据 Token 判断用户是否拥有进行此项操作的权限，若验证通过那么 Nova 会向其提供相对应的服务。其他组件和 Keystone 的交互也是如此。

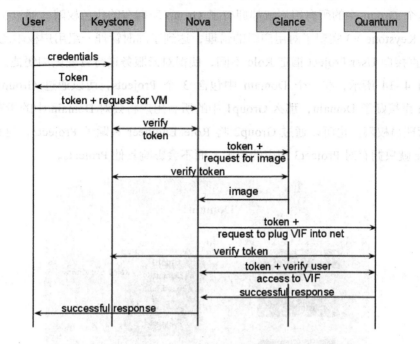

图 4-13　Keystone 与其他服务的交互

从以上过程可以看出，用户的角色管理在 Keystone 中是很重要的工作。在 Keystone V3 之前，用户的权限管理以每一个用户为单位，需要对每一个用户进行角色分配，并不存在一种对一组用户进行统一管理的方案，这给系统管理员带来了额外的工作和不便。此外，Keystone V3 之前的版本中，资源分配是以 Tenant 为单位的，这不太符合现实世界中的层级关系。如一个公司在 OpenStack 中拥有两个不同的项目，它需要管理两个 Tenant 分别对应这两个项目，并对这两个 Tenant 中的用户分别分配角色。由于在 Tenant 之上并不存在一个更高层的概念，无法对 Tenant 进行统一的管理，所以这给 Tenant 的用户带来了不便。为了解决这些问题，Keystone V3 提出了新的概念：Domain 和 Group。

Keystone V3 做出了许多变化和改进，这里选取其中较为重要的进行阐述：

① 将 Tenant 改为 Project。

② 引入 Domain 的概念。

③ 引入 Group 的概念。

将 Tenant 改为 Project 并在其上添加 Domain 的概念，这更加符合现实世界和云服务的映射。V3 利用 Domain 实现真正的多租户（multi-tenancy）架构，Domain 担任 Project 的高层容器。云服务的客户是 Domain 的所有者，他们可以在自己的 Domain 中创建多个

Projects、Users、Groups 和 Roles。通过引入 Domain，云服务客户可以对其拥有的多个 Project 进行统一管理，而不必再向过去那样对每一个 Project 进行单独管理。

Group 是一组 Users 的容器，可以向 Group 中添加用户，并直接给 Group 分配角色，那么在这个 Group 中的所有用户就都拥有了 Group 所拥有的角色权限。通过引入 Group 的概念，Keystone V3 实现了对用户组的管理，达到了同时管理一组用户权限的目的。这与 V2 中直接向 User/Project 指定 Role 不同，使得对云服务进行管理更加便捷。

如图 4-14 所示，在一个 Domain 中包含 3 个 Projects，可以通过 Group1 将 Role Sysadmin 直接赋予 Domain，那么 Group1 中的所有用户将会对 Domain 中的所有 Projects 都拥有管理员权限。也可以通过 Group2 将 Role Engineer 只赋予 Project3，这样 Group2 中的 User 就只拥有对 Project3 相应的权限，而不会影响其他 Projects。

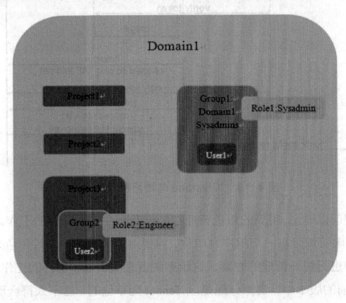

图 4-14　Domain、Group、Project、User 和 Role 的关系图

Keystone 为所有的 OpenStack 组件提供认证和访问策略服务，它依赖自身的 REST（基于 Identity API）系统进行工作，主要对（但不限于）Swift、Glance、Nova 等进行认证与授权。事实上，授权是通过对动作消息来源者请求的合法性进行鉴定。

Keystone 采用两种授权方式，一种基于用户名/密码，另一种基于令牌（Token）。除此之外，Keystone 还提供以下 3 种服务：

① 令牌服务：含有授权用户的授权信息。

② 目录服务：含有用户合法操作的可用服务列表。

③ 策略服务：利用 Keystone 具体指定用户或群组某些访问权限。

身份管理是一项支持功能，其有形目的要少于大多数其他 OpenStack 项目。应该将该功能视作一个推动因素，它可以简化服务发现，并提供执行安全策略的统一方法。Keystone

中的管理功能定义了用户和项目，并分配了适当的授权。在配置好环境之后，项目和应用程序就可以与 Keystone 结合使用，以便执行查询和验证访问控制。

应用程序首先需要连接到身份验证服务并提供其凭证，然后它会接收到一个身份验证令牌，可将该令牌传递给需要验证的服务，以实现所有操作。在有些情况下，可能会使用所有连接参数预先配置应用程序。也可以从 Keystone 中获得这些参数。例如，可以查询 Keystone，发现哪些项目是可以访问的，并请求该项目所需的服务 URL。

4.1.4　Neutron 详解

Neutron 是为 OpenStack 云更灵活地划分物理网络，在多租户环境下提供给每个租户独立的网络环境。另外，Neutron 提供 API 来实现这种目标。在 Neutron 中，用户可以创建自己的网络对象，如果要和物理环境下的概念映射，这个网络对象相当于一个巨大的交换机，可以拥有无限多个动态可创建和销毁的虚拟端口。在 Horizon 上创建 Neutron 网络的过程如下：

① 首先管理员拿到一组可以在互联网上寻址的 IP 地址，并且创建一个外部网络和子网。

② 租户创建一个网络和子网。

③ 租户创建一个路由器并且连接租户子网和外部网络。

④ 租户创建虚拟机。

一个标准的 OpenStack 网络设置有 4 个不同的物理数据中心网络，如图 4-15 所示：

① 管理网络。用于 OpenStack 各组件之间的内部通信。

② 数据网络。用于云部署中虚拟数据之间的通信。

③ 外部网络。公共网络，外部或 Internet 可以访问的网络。

④ API 网络。对租户公开所有的 OpenStack APIs，包括 OpenStack 的 API。

在 OpenStack 平台上能够创建大量的虚拟机，这正是 OpenStack 能够给用户提供大量的计算资源的基础。Neutron 采用了虚拟化技术保证了每台虚拟机具有良好的网络性能，Open vSwitch 就是其中的一种虚拟交换机技术。

Open vSwitch 之所以能够实现网络互连，其原理采用类似于网桥的技术，通过一系列数据结构（如虚拟机端口 vports、流表 flow table）实现数据的网络投递。如图 4-16 所示，计算节点中所创建的虚拟机都会通过 Open vSwitch 的虚拟网桥与物理网卡相连通，这些连接关系就像是在 Open vSwitch 与 VM 之间添加了一根虚拟的"网线"，不同的网卡被连接在不同交换机上，从而实现了 OpenStack 中 VM 的内部通信和网络隔离。网桥 br-int 能够保证 VM 间的通信（内部网络），而桥接在 br-ex 网桥上的 VM，只有 VM 被绑定一个浮动 IP 以后这种连接才会存在。

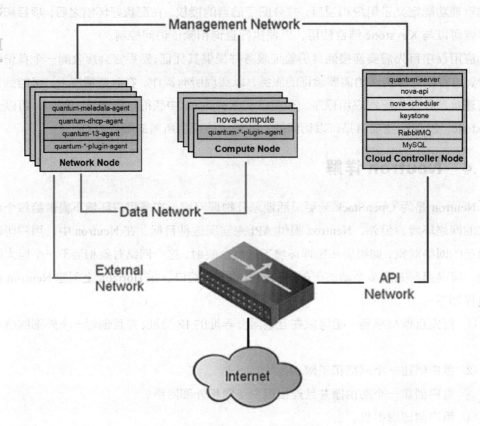

图 4-15　OpenStack 网络类型

从图 4-16 中桥接过程可以看出，一般 OpenStack 的网络部署过程中，与实际物理网卡额外增加两个网桥（br-eth0 和 br-eth1），这两块网卡能将 OVS 中的虚拟网桥与实际的物理网卡相连通。linux bridage 主要用于安全组增强。安全组通过 iptables 实现，iptables 只能用于 linux bridage 而非 OVS bridage。

Veth pairs 在 OpenStack 网络中大量使用。Veth pairs 是一个简单的虚拟网线，所以一般成对出现。通常 Veth pairs 的一端连接到 bridge，另一端连接到另一个 bridge 或者再作为一个网口使用。

随着 OpenStack 版本的不断升级，网络组件的功能也趋于完善和强大。新版的 OpenStack 在原有的 nova-network 的基础上，将其独立出来，增加了网络划分、子网分配和管理等功能。本节主要针对 OpenStack 中 Neutron 网络组件架构等方面进行详细说明。

从 Neutron 的功能结构上讲，Neutron 的基本工作方式是由一个 server（服务程序）和 agent（代理程序）构成。它们的关系对应到 OpenStack 具体的服务组件中就是 Neutron（或者 neutron-server）和 Nova（nova-compute）的关系；如果对应到具体的部署节点上，则是控制节点（或者网络节点）和计算节点的关系。

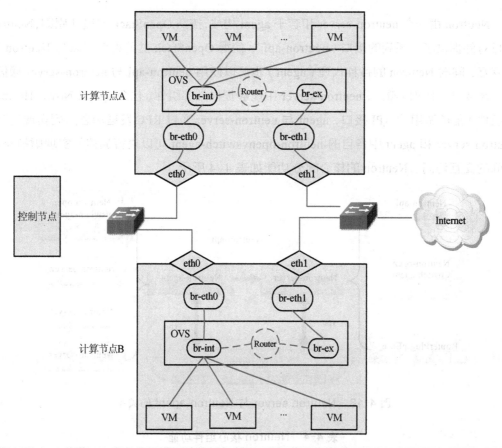

图 4-16　OpenStack 中的 Open vSwitch

从图 4-17 可以看出，Neutron 完成的是将虚拟机的虚拟网卡与计算节点上物理网卡的衔接。Nova-compute 创建的虚拟机都包含一个虚拟网卡（图中的 VIF），Neutron 就是通过它自身的 Plugin 插件（以 Open vSwitch 为例，也可以是其他网络虚拟化插件），将 VM 上的虚拟网卡 VIF 映射至 Open vSwitch 的虚拟端口（virtual port）上，由此 VM 可以通过 Open vSwitch 所划分的虚拟网络，经由 Open vSwitch 配置的虚拟网桥（该网桥已经和某一个物理网卡桥接）实现网络访问。

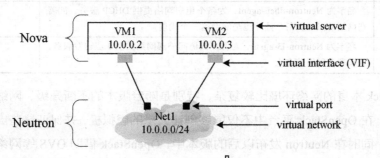

图 4-17　Neutron 和 Nova 的关系

Neutron 由一个 neutron-server 和若干 agent 构成，按照 OpenStack 的设计原则，Neutron 项目对外提供了一系列的接口（neutron-api），使得 OpenStack 其他组件可以与 Neutron 进行交互，同时 Neutron 的各种代理（agent）也可以使用 neutron-api 与 neutron-server 通信。

图 4-18 中可以看出，neutron-server 中能够提供外部组件（包含 agent、Nova、Horizon 等组件）能够调用的 API 接口，agent 与 neutron-server 通过 RPC 发送消息队列实现交互，neutron-server 和 agent 中各自的 neutron-openvswitch-agent 可以进行通信，实现虚拟交换机间的交互访问。Neutron 的核心部分功能如表 4-4 所示。

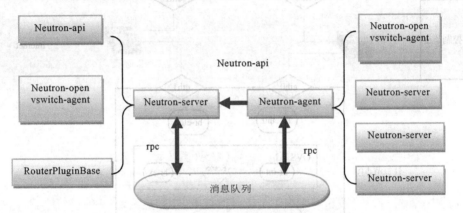

图 4-18　Neutron server 与 Neutron-agent 的关系

表 4-4　Neutron 核心组件功能

名　称	功能描述	备　注
Neutron-server	包含守护进程 Neutron-server 和各种插件 Neutron-*-plugin，它们既可以安装在控制节点也可以安装在网络节点。Neutron-server 提供 API 接口，并把对 API 的调用请求传给已经配置好的插件进行后续处理。插件需要访问数据库来维护各种配置数据和对应关系，如路由器、网络、子网、端口、浮动 IP、安全组等。	本部分可能包含其他 Plugin 插件
Plugin Agent	虚拟网络上的数据包的处理则是由这些插件代理来完成的。名字为 Neutron-*-agent。在每个计算节点和网络节点上运行。一般来说选择什么插件，就需要选择相应的代理。代理与 Neutron-server 及其插件的交互就通过消息队列来支持	本书中的 Plugin agent 是 Open vSwitch
DHCP Agent	名字为 Neutron-dhcp-agent，为各个租户网络提供 DHCP 服务，部署在网络节点上，各个插件也是使用这一个代理	
L3 Agent	名字为 Neutron-l3-agent，为客户机访问外部网络提供 3 层转发服务。也部署在网络节点上	

OpenStack 本身的网络环境比较复杂，特别是随着版本的不断升级，网络组件的功能也日趋完善。在 OpenStack 平台中不仅能够创建大量的虚拟机，并保证这些虚拟机具备网络访问能力，同时在 Neutron 发布以后的版本中，OpenStack 借助 OVS 等网络虚拟机技术能够将其所创建的虚拟机进行组网、建立子网、管理网络等功能。通过之前的分析，读者

对 Neutron 组件的基本构成和功能有一个较为全面的了解和认识，这里中主要讲述 Neutron 在实际网络通信中的过程模型。

在整个 OpenStack 平台中，网络是组件运行、接口调用、数据传输、虚拟机间通信的唯一手段。在很多 OpenStack 网络的资料中会出现内网（private）和外网（public）两个概念，这主要是由于 OpenStack 自身的网络结构和设计架构所决定的。为了有效实现对这些操作的监管和控制，OpenStack 的设计者们，首先通过物理网卡将虚拟机间的数据传输、OpenStack 组件间的管理以及外部（平台以外的）网络进行隔离，然后通过某款软件（如 Linux bridge、Open vSwitch 等）将节点内部的数据进行隔离，从而能够实现与实际网络管理中相类似的功能。

图 4–19 描述的是多节点的 OpenStack 中，两个部署在不同的计算节点上的虚拟机实例之间的内网和外网间通信过程。OVS 完成了整个 Neutron 的网络通信及路由，需要说明的是，内外网的区别是通过不同的 IP 地址进行区分，OVS 中的虚拟网桥能够将不同的虚拟机进行联通，虚拟路由器能够完成内外网数据的投递，特别是在网络节点中的外部网络子网，能够完成内外网络的地址映射，从而实现内外网络的通信。

在计算机点上，这一部分的网络数据流主要是计算机点的物理网卡与虚拟机之间的通信。从 4–19 可以看出，每一个虚拟机依赖于其使用的虚拟网卡（按照 OpenStack 官网中的资料显示，该网卡类似于 Linux 中的 tag 设备，这种 tag 设备在这一部分的网络连接中起到关键作用，这一点在 OVS 与虚拟机的关系部分有详细的讲解）与 OVS 上的网桥 br-int 连接，它相当于一个虚拟交换机，将与之相连通的虚拟机（哪怕是分布在不同的物理主机上）组成一个逻辑网络。br-int 网桥一方面联通了物理网卡 eth0，虚拟机就可以通过这个链路实现虚拟机间的内网通信；另一方面，连接至另外虚拟网桥 br-tun 上，br-tun 也是由 OVS 虚拟出的一个网桥，但其功能与 br-int 不同，它不是用来充当虚拟交换机的，而是将其作为一个与外网进行联通的通道层，这样，网络节点（或者部署有 neutron-server 的控制节点）和计算节点、计算节点和计算节点就会点对点地形成一个以 GRE 隧道技术为基础的通信网络。

在网络节点（或者部署有 neutron-server 的控制节点）上，也存在一个与计算节点上功能相似的 br-tun 虚拟网桥，它仅仅也是为了传输计算节点上 br-tun 网桥的数据。需要说明的是，在网络节点上有 br-int 虚拟网桥，在这个网桥上具有路由和 DHCP 功能，router 是由 l3-agent 根据网络管理的需要而创建的，然后，该 router 就与特定的一个子网绑定到一起，管理这个子网的路由功能。dhcp 则也是 l3-agent 根据需要针对特定的子网创建的，从软件实现角度来讲，子网中 dhcp 功能是由 l3-agent 启动的 dnsmasq 的进程掌管，另外，网桥 br-int 还可以将内部使用的 IP 与外部 IP 进行映射，这一点为实现网络节点向外网进行数据转发奠定了基础。在网络节点上还有一个 br-ex 虚拟网桥，该网桥主要实现的是联通物理网卡，实现与外部的网络进行自由的通信。

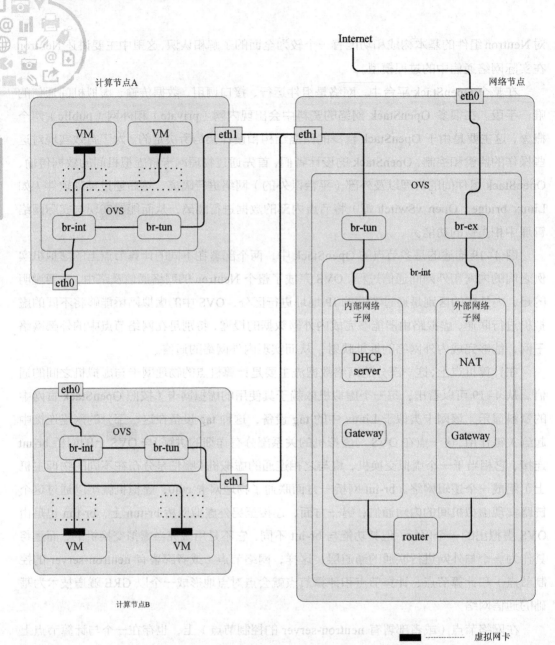

图 4-19　Neutron 网络通信模型

OpenStack 虚拟网络 Neutron 把部分传统网络管理的功能推到了租户方，租户通过它可以创建一个自己专属的虚拟网络及其子网、路由器等，在虚拟网络功能的帮助下，基础物理网络就可以向外提供额外的网络服务，如租户完全可以创建一个属于自己的类似于数据中心网络的虚拟网络。Neutron 提供了比较完善的多租户环境下的虚拟网络模型以及 API。像部署物理网络一样，使用 Neutron 创建虚拟网络时也需要做一些基本的规划和设计。

4.2　组件的安装和配置

组件的安装和配置主要介绍系统环境的准备和各个组件的安装配置。

4.2.1　Ubuntu 系统及环境安装

本节首先介绍前置系统的环境搭建及相关配置参数，以此为基础进行 OpenStack 的安装与配置。本系统的配置信息如表 4–5 所示。

表 4-5　OpenStack Newton 单节点配置信息表

环境搭建	配置参数
虚拟平台	VMware® Workstation 12 12.1.0 build-3272444
子作业系统	Ubuntu 16.04 LTS x64
OpenStack 版本	OpenStack Newton
配置模式	单节点配置
组件列表	Keystone、Glance、Nova、Horzion

首先新建一个虚拟机，并配置网络适配器为桥接网络。开启虚拟机，准备安装操作系统，如图 4–20 所示。

图 4-20　安装 Ubuntu 系统的步骤 1

如图 4–21 所示，可以勾选安装 Ubuntu 时下载更新以及安装第三方软件。

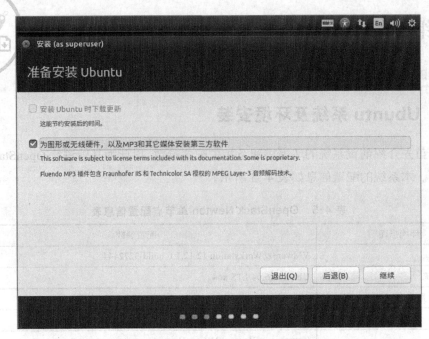

图 4-21　安装 Ubuntu 系统的步骤 2

单击"继续"按钮，弹出图 4-22 所示的对话框，可根据个人喜好分区。

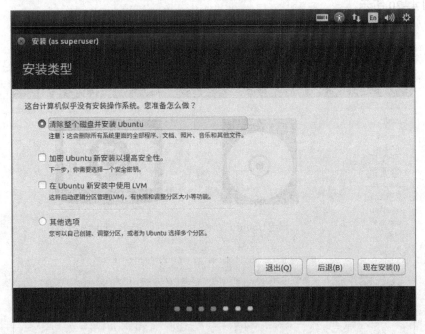

图 4-22　安装 Ubuntu 系统的步骤 3

单击"现在安装"按钮，系统自动默认选择上海地区，可直接单击"继续"按钮继续安装，如图 4-23 所示。

图 4-23　安装 Ubuntu 系统的步骤 4

选择当前系统的键盘布局，输入相应的文字进行测试，并单击"继续"按钮，如图 4-24 所示。

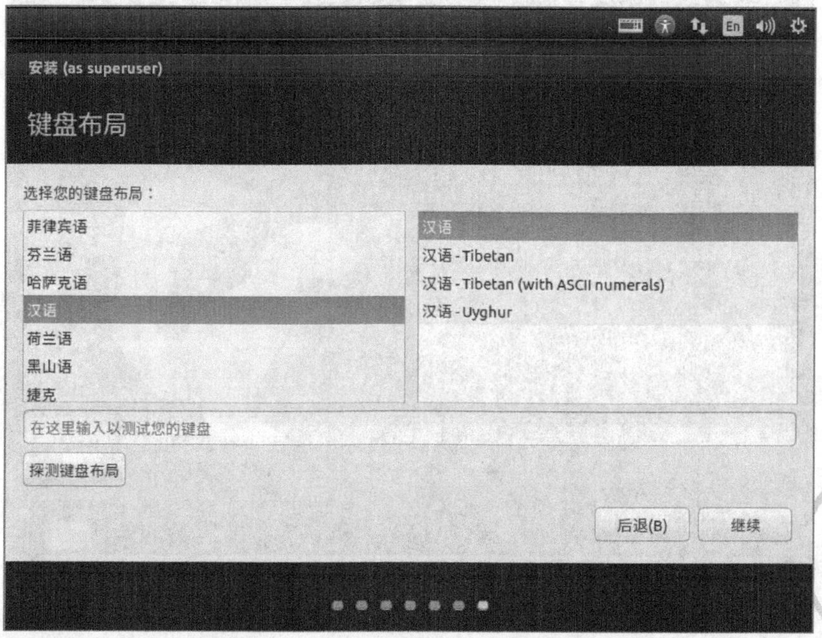

图 4-24　安装 Ubuntu 系统的步骤 5

输入个人相关信息资料，单击"继续"按钮，如图 4-25 所示；开始安装操作系统，如图 4-26 所示。

图 4-25　安装 Ubuntu 系统的步骤 6

图 4-26　安装 Ubuntu 系统的步骤 7

当系统安装完成后，重新启动，出现图 4-27 所示的界面，系统安装成功。

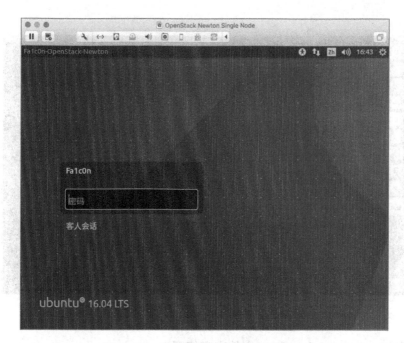

图 4-27　安装 Ubuntu 系统的步骤 8

安装成功后，进入系统，需要执行系统软件源更新操作，命令如下：

```
$ sudo apt-get update && sudo apt-get dist-upgrade
```

执行完成后，准备 OpenStack Newton 版本的配置。

首先需要进行网络配置。虚拟机需要增加两块网卡，如图 4–28 所示。两个网络适配器都使用桥接模式连接网络，设置桥接网络需要手动配置 IP 地址，需更改/etc/network/interfaces 文件，如 4–29 图所示。

图 4-28　安装 Ubuntu 系统的步骤 9

图 4-29　安装 Ubuntu 系统的步骤 10

更改后的/etc/network/interfaces 文件内容如下：

```
root@Fa1c0n-OpenStack-Newton:\~# cat /etc/network/interfaces
# interfaces(5) file used by ifup(8) and ifdown(8)
    auto lo
    iface lo inet loopback
    auto ens33
    iface ens33 inet static
    address  59.69.0.158
    netmask  255.255.0.0
    broadcast 59.69.255.255
    gateway 59.69.40.1
    dns-nameservers 114.114.114.114
    auto ens38
    iface ens38 inet static
    address 192.168.0.1
    netmask 255.255.255.0
    network 192.168.0.0
    broadcast 192.168.0.255
```

更改完成后，使用命令：

```
$ sudo /etc/init.d/networking restart
```

重新启动网络服务，生效后，使用 **ifconfig** 命令查看。

更改完成后，网络配置完毕。接下来配置 ntp 时间服务器，ntp 是用来使用系统和一个精确的时间源保持时间同步的协议。由于本次使用 OpenStack Newton 版本，所以，此处使用 chrony 服务，命令如下：

```
$ sudo apt-get install chrony
```

安装好 chrony 服务，编辑文档/etc/chrony/chrony.conf 文件并添加权限：

```
allow 59.69.0.0/24
server *ntp.ubuntu.com* iburst
```

保存退出后，使用下面的命令重启 chrony 服务（见图 4–30）：

```
$ sudo service chrony restart
```

注意：若使用了 chrony 服务，则不能再安装 ntp 服务。ntp 与 chrony 互为冲突。

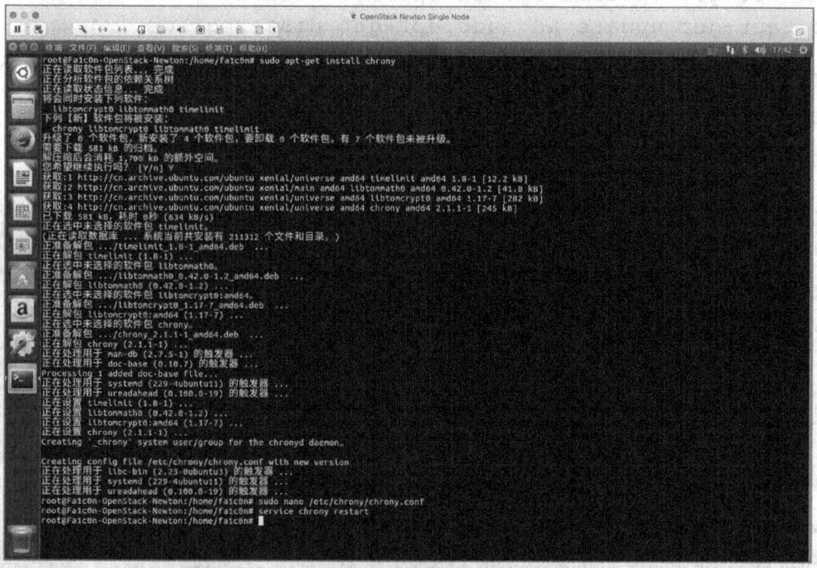

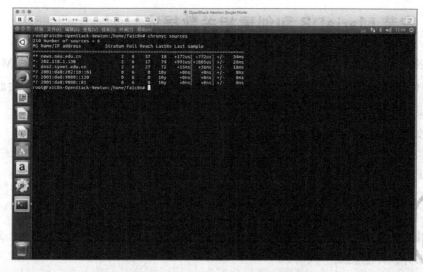

图 4-30　安装 Ubuntu 系统的步骤 11

执行完上面的操作后，为验证 chrony 是否工作正常，可以使用如下命令验证：

```
$ sudo chronyc sources
```

如图 4–31 所示，即为工作正常。

图 4-31　安装 Ubuntu 系统的步骤 12

接下来开始安装 OpenStack Packages，OpenStack Packages 中包含了 OpenStack 运行必须的公共属性列表以及版本确定相关的内容。使用如下几条命令共同完成安装

Openstack Packages：

```
$ sudo apt-get install software-properties-common
$ sudo add-apt-repository cloud-archive:newton
$ sudo apt-get install python-openstackclient
$ sudo apt-get update && sudo apt-get dist-upgrade
```

命令执行过程如图 4-32 所示，待安装完成后，建议使用命令 reboot/init 6 执行重启操作，方便后续命令的执行。

图 4-32　安装 Ubuntu 系统的步骤 13

4.2.2　安装 MariaDB 和创建相关数据库

接下来是数据库的安装，此处的数据库选择使用与 MySQL 数据库相似的 MariaDB，MariaDB 使用的引擎（InnoDB）在执行效率上高于 MySQL（MyISAM），故此处选用 MariaDB 进行安装。

使用如下命令安装 MariaDB：

```
$ sudo apt-get install mariadb-server python-pymysql
```

安装过程如图 4-33 和图 4-34 所示。

输入以下命令创建 MariaDB 数据库配置文件：

```
$ touch /etc/mysql/mariadb.conf.d/99-openstack.cnf
```

在安装完成 MariaDB 后，配置/etc/mysql/mariadb.conf.d/99-openstack.cnf 文件新增 [mysqld]部分，并添加如下内容：

```
$ sudo vi /etc/mysql/mariadb.conf.d/99-openstack.cnf
[mysqld]
bind-address=59.69.0.158
default-storage-engine=innodb
innodb_file_per_table
```

```
max_connections=4096
collation-server=utf8_general_ci
character-set-server=utf8
```

在上面的配置参数中，**bind-address** 是管理端的 **IP** 地址，并设置了服务器端默认的字符集为 **UTF-8**。

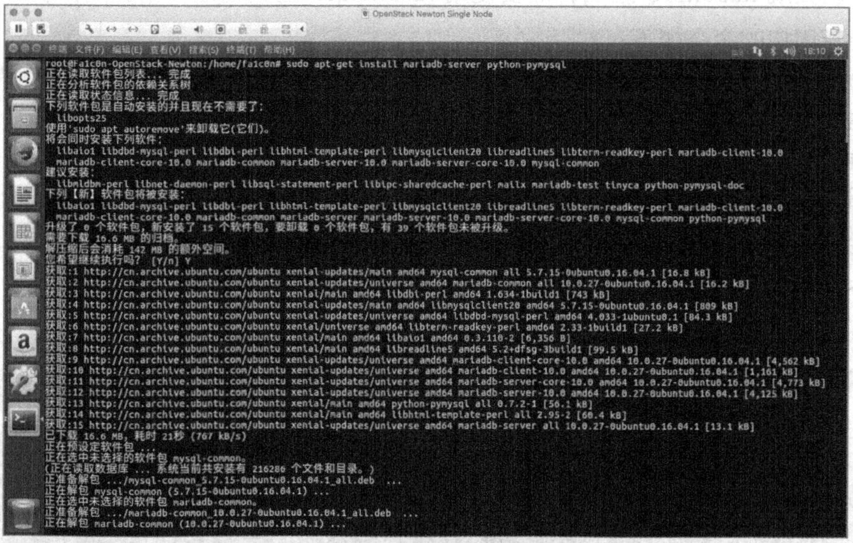

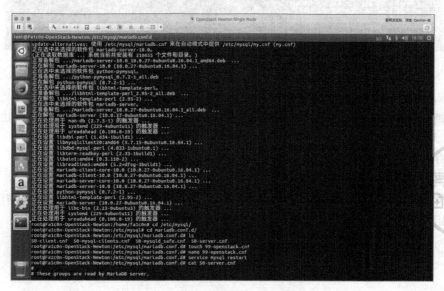

图 4-33　安装 RabbitMQ 消息队列服务

在完成配置后，使用命令：

```
$ service mysql restart
```

重新启动 **mariadb**，此处可以选择使用 **mysql_secure_installation** 命令执行 MySql 安装部署。可以为数据库 **root** 用户设置一个合适的、安全的密码，如图 4-34 所示。

图 4-34　配置 memcached 服务

接下来开始安装消息队列服务。消息队列服务默认使用 RabbitMQ 服务。除了 RabbitMQ，还有 ActiveMQ 和 ZeroMQ。在 OpenStack Newton 中，官方推荐使用 RabbitMQ 消息队列服务。使用如下命令安装 RabbitMQ：

```
$ sudo apt-get install rabbitmq-server
```

在安装完成 RabbitMQ 之后，需要使用 rabbitmqctl 工具创建一个新用户。

创建新用户的命令如下：

```
$ rabbitmqctl add_user openstack openstack
```

创建完成后，设置 OpenStack 的读取权限，命令如下：

```
$ rabbitmqctl set_permissions openstack ".*" ".*" ".*"
```

如图 4-35 所示，RabbitMQ 配置完成。接下来配置 memcached 服务。memcached 是一个高性能的分布式内存对象缓存系统，用于动态 Web 应用以减轻数据库负载。执行下面的命令安装 memcached：

图 4-35　安装 RabbitMQ 的步骤 1

```
$ sudo apt-get install memcached python-memcache
```

编辑/etc/memcached.conf 文件并设置其 IP 为 127.0.0.1 或 59.69.0.158，命令如下：

```
-l 59.69.0.158
```

保存退出后，重新启动 memcached 服务，命令如下：

```
$ sudo service memcached restart
```

完成后，如图 4-36 所示。OpenStack 的环境准备工作已经结束，接下来开始安装核心验证组件 Keystone。

图 4-36　安装 RabbitMQ 的步骤 2

4.2.3　安装和配置 Keystone

首先使用 root 用户登录 MariaDB 数据库，命令如下：

```
$ mysql -u root -p
```

并创建 Keystone 数据库：

```
mysql> CREATE DATABASE KEYSTONE;
```

并将权限赋给 Keystone 数据库：

```
mysql> GRANT ALL PRIVILEGES ON KEYSTONE.* TO 'keystone'@'localhost'
IDENTIFIED BY 'openstack';
mysql> GRANT ALL PRIVILEGES ON KEYSTONE.* TO 'keystone'@'%' IDENTIFIED
BY 'openstack';
```

在完成数据库的配置后，可以开始安装 Keystone 组件。使用如下命令安装 Keystone
组件：

```
$ sudo apt-get install keystone
```

Keystone 组件安装完成后，开始配置 Keystone 组件。安装及数据库操作如图 4-37
所示。

编辑文件/etc/keystone/keystone.conf 文件，修改[database]下的 connection 部分，并在
token 部分添加 provider 为 fernet：

```
[database]
...
connection=mysql+pymysql://keystone:openstack@localhost/KEYSTONE
[token]
...
provider=fernet
```

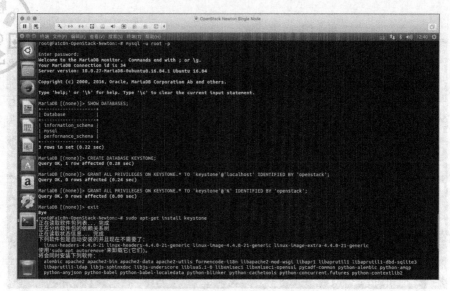

图 4-37　安装 Keystone 的步骤 1

执行完毕后，保存退出。输入命令：

```
$ su -s /bin/sh -c "keystone-manage db_sync" keystone
```

此处安装时出现了一个错误，提示拒绝数据库连接，解决办法是更改 connection 为：

```
connection=mysql+pymysql://keystone:openstack@59.69.0.158/KEYSTONE
```

更换后重新执行数据库同步，即可成功。

执行成功后，如图 4-38 所示。

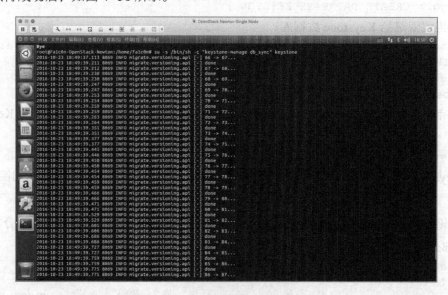

图 4-38　安装 Keystone 的步骤 2

接下来配置 Fernet Token，首先加载 fernet key repositories：

```
$ keystone-manage fernet_setup --keystone-user keystone--keystone-g
roup keystone
```

```
$ keystone-manage credential_setup --keystone-user keystone --keyst
one-group keystone
```

并且为 Keystone 添加 bootstrap：

```
$ keystone-manage bootstrap --bootstrap-password openstack --bootst
rap-admin-url http://controller:35357/v3/ --bootstrap-internal-url http
://controller:35357/v3/ --bootstrap-public-url http://controller:5000/v
3/ --bootstrap-region-id RegionOne
```

接下来配置 Apache HTTP 服务器。编辑文件/etc/apache2/apache2.conf 文件并添加如下代码：

```
ServerName controller
```

即使此处配置了 ServerName 为 controller，仍然建议在后面的配置中有 controller 的部分依然按照 IP 地址配置，否则极容易出现 404。

完成后，重启 apache 服务器，并删除 sqlite 数据库，输入如下代码以示完成：

```
$ service apache2 restart
$ rm -rf /var/lib/keystone/keystone.db
```

完成后，输出账户信息到当前配置环境中：

```
$ export OS_USERNAME=admin
$ export OS_PASSWORD=openstack
$ export OS_PROJECT_NAME=admin
$ export OS_USER_DOMAIN_NAME=Default
$ export OS_PROJECT_DOMAIN_NAME=Default
$ export OS_AUTH_URL=http://controller:35357/v3
$ export OS_IDENTITY_API_VERSION=3
```

认证服务为每项 OpenStack 服务提供了认证。认证服务使用了域、项目、用户和角色的组合。

创建一个 Service 项目为每项提供服务添加到环境中，命令如下：

```
$ openstack project create --domain default --description "Service
Project" service
```

通常非管理员任务需要使用普通权限的账户和用户，创建 demo 项目和用户使用下面的命令：

```
$ openstack project create --domain default --description "Demo Project"
demo
```

执行效果如图 4-39 所示。

创建一个 demo 用户：

```
$ openstack user create --domain default --password-prompt demo
```

创建 user 角色：

```
$ openstack role create user
```

把用户 demo 添加到 demo 项目中：

```
$ openstack role add --project demo --user demo user
```

出于安全考虑，需要禁用临时密码验证机制（明文密码），编辑/etc/keystone/keystone-paste.ini 文件并移除[pipeline:public_api]、[pipeline:admin_api]、[pipeline:api_v3]中的 admin_ token_auth，并使用如下命令取消 OS_AUTH_URL 和 OS_PASSWORD 环境变量设置：

```
$ unset OS_AUTH_URL OS_PASSWORD
```

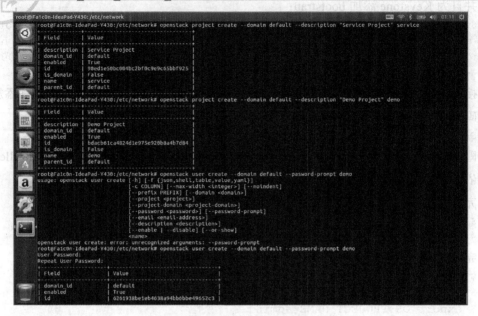

图 4-39　安装 Keystone 的步骤 3

对于 admin 用户，请求一个认证密钥：

```
$ openstack --os-auth-url http://controller:35357/v3 --os-project-d
omain-name Default --os-user-domain-name Default --os-project-name admin
--os-username admin token issue
Password: openstack
```

对于 demo 用户，请求一个认证密钥：

```
$ openstack --os-auth-url http://controller:5000/v3 --os-project-do
main-name Default --os-user-domain-name Default --os-project-name demo
--os-username demo token issue
Password: openstack
```

命令使用 demo 用户的密码并且 API 端口为 5000，只提供非 admin 用户访问 Keystone API，如图 4-40 所示。

接下来需要创建 admin 和 demo 项目、用户的客户端环境脚本。以后会部分引用这些脚本以加载客户机操作的适当认证凭据。

创建 admin-openrc 文件并添加如下内容：

```
export OS_PROJECT_DOMAIN_NAME=Default
export OS_USER_DOMAIN_NAME=Default
export OS_PROJECT_NAME=admin
export OS_USERNAME=admin
export OS_PASSWORD=openstack
export OS_AUTH_URL=http://controller:35357/v3
export OS_IDENTITY_API_VERSION=3
export OS_IMAGE_API_VERSION=2
```

图 4-40 安装 Keystone 的步骤 4

创建 demo-openrc 文件并添加如下内容：

```
export OS_PROJECT_DOMAIN_NAME=Default
export OS_USER_DOMAIN_NAME=Default
export OS_PROJECT_NAME=demo
export OS_USERNAME=demo
export OS_PASSWORD=openstack
export OS_AUTH_URL=http://controller:5000/v3
export OS_IDENTITY_API_VERSION=3
export OS_IMAGE_API_VERSION=2
```

启动特定的项目和用户的客户端，可以加载特定的脚本内容：

```
$ .admin-openrc
```

请求一个认证密钥可以使用如下命令：

```
$ openstack token issue
```

在配置过程中，若直接使用.admin-openrc 命令执行，使用 export | grep OS_ 命令查看，会发现脚本执行后并没有执行对应的 export。

实际上，由于 export 命令在脚本中执行，Linux 执行脚本会启动子 shell 执行脚本命令，此处若直接执行，在子 shell 中 export 生效后，脚本执行完毕，子 shell 退出。回到执行处，shell 中的 export 仍没有变化就是这个原因。

解决方案：由于直接执行不能生效，使用 source 命令加载脚本文件即可生效。

至此，Keystone 认证组件配置完毕。

4.2.4　安装和配置 Glance

配置 Glance 首先需要创建 Glance 数据库，首先进入数据库执行如下命令：

```
$ mysql -u root -p
```

并创建 Glance 数据库：

```
mysql> CREATE DATABASE GLANCE;
```

为 Glance 数据库赋予权限：

```
mysql> GRANT ALL PRIVILEGES ON GLANCE.* TO 'glance'@'localhost'
IDENTIFIED BY 'openstack';
mysql> GRANT ALL PRIVILEGES ON GLANCE.* TO 'glance'@'%' IDENTIFIED BY
'openstack';
```

执行成功后，退出数据库。

此时若使用了.demo-openrc 文件，请执行下面的命令切换至 admin 环境：

```
$ .admin-openrc
```

创建一个 Glance 用户（见图 4–41）：

```
$ openstack user create --domain default --password-prompt glance
User Password: openstack
Repeat User Password: openstack
```

为 Glance 用户和 Service 项目添加 admin 角色：

```
$ openstack role add --project service --user glance admin
```

创建 Glance 服务实体：

```
$ openstack service create --name glance --description "OpenStack Image"
image
```

图 4-41　安装 Glance 的步骤 1

创建镜像服务 API（见图 4-42）：

```
$ openstack endpoint create -region RegionOne image public http://c
ontroller:9292
$ openstack endpoint create -region RegionOne image internal http:/
/controller:9292
$ openstack endpoint create -region RegionOne image admin http://co
ntroller:9292
```

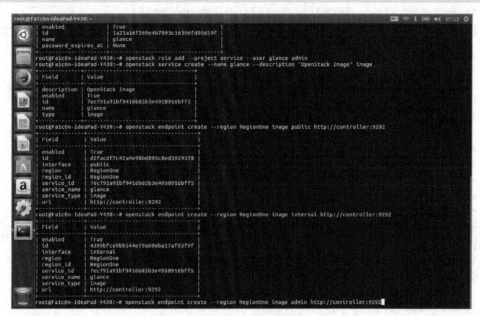

图 4-42　安装 glance 的步骤 2

配置完成后，开始安装 Glance：

```
$ sudo apt-get install glance
```

编辑/etc/glance/glance-api.conf 文件并修改[database]部分：

```
[database]
...
connection=mysql+pymysql://glance:openstack@controller/GLANCE
```

在[keystone_authtoken]和[paste_deploy]部分，配置认证访问服务：

```
[keystone_authtoken]
...
auth_uri=http://controller:5000
auth_url=http://controller:35357
memcached_servers = controller:11211
auth_type=password
project_domain_name=Default
user_domain_name=Default
project_name=service
username=glance
password=openstack
[paste_deploy]
```

```
...
flavor=keystone
```

在[glance_store]部分，配置系统本地存储镜像的目录：

```
[glance_store]
...
stores=file,http
default_store=file
filesystem_store_datadir=/var/lib/glance/images/
```

编辑/etc/glance/glance-registry.conf文件，在[database]区域，配置数据库访问权限：

```
[database]
...
connection=mysql+pymysql://glance:openstack@controller/GLANCE
```

在[keystone_authtoken]和[paste_deploy]区域，配置

```
[keystone_authtoken]
...
auth_uri=http://controller:5000
auth_url=http://controller:35357
memcached_servers=controller:11211
auth_type=password
project_domain_name=Default
user_domain_name=Default
project_name=service
username=glance
password=openstack

[paste_deploy]
...
flavor=keystone
```

配置修改完成后，同步至数据库，命令如下：

```
# su -s /bin/sh -c "glance-manage db_sync" glance
```

要完成 Glance 安装，还要重新启动 Glance 服务，命令如下：

```
# sudo service glance-registry restart
# sudo service glance-api restart
```

Glance 配置完成，还需验证 Glance 配置是否正确。

加载 admin 权限脚本：

```
$ .admin-openrc
```

此处可以使用本文档使用的测试镜像（很小），也可以使用自行制作的 qcow2 镜像或 img 镜像。

小文件镜像方便测试，所以此处使用 cirroslinux。使用如下命令下载 cirrosLinux 镜像：

```
$ wget http://download.cirros-cloud.net/0.3.4/cirros-0.3.4-x86_64-d
isk.img
```

使用 openstack 脚本添加一个镜像服务（见图 4-43）：

```
$ openstack image create "cirros"  --file cirros-0.3.4-x86_64-disk.img
--disk-format qcow2 --container-format bare  --public
```

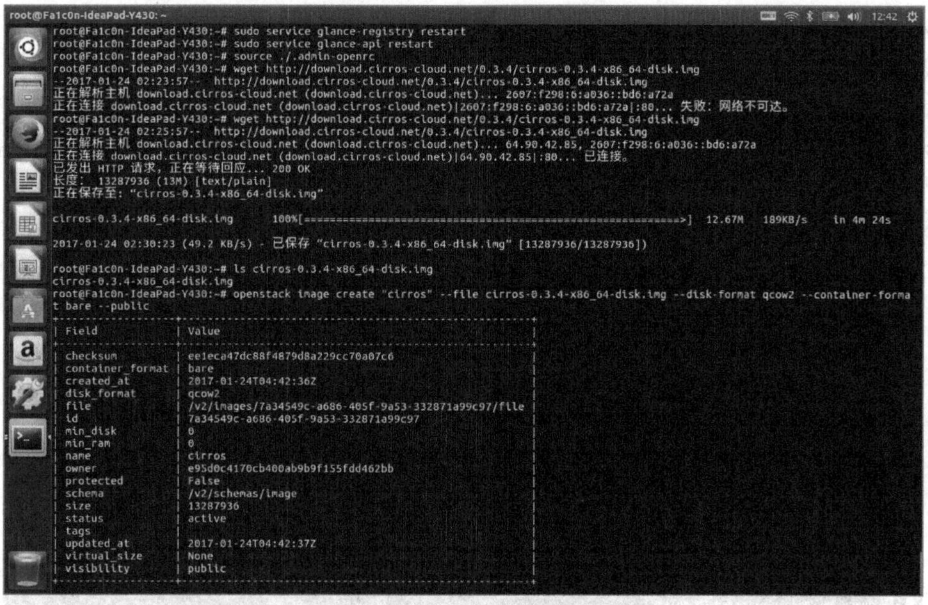

图 4-43　安装 Glance 的步骤 3

创建完毕后，可以使用如下命令检查镜像状态是否处于 active：

```
$ openstack image list
```

至此，Glance 组件配置完毕。

4.2.5　安装配置 Nova

从 compute service 开始，分为单节点和多节点安装。本节配置为单节点配置，在第 6 章中将对多节点配置进行说明。

安装 Nova 组件，首先创建 Nova 组件所需的数据库，输入如下命令进入数据库：

```
$ mysql -u root -p
```

创建两个数据库，一个是 Nova，一个是 Nova_api：

```
mysql> CREATE DATABASE nova_api;
mysql> CREATE DATABASE nova;
```

为两个数据库赋予访问权限：

```
mysql> GRANT ALL PRIVILEGES ON nova_api.* TO 'nova'@'localhost'
IDENTIFIED BY 'openstack';
mysql> GRANT ALL PRIVILEGES ON nova_api.* TO 'nova'@'%' IDENTIFIED BY
'openstack';
mysql> GRANT ALL PRIVILEGES ON nova.* TO 'nova'@'localhost' IDENTIFIED
BY 'openstack';
mysql> GRANT ALL PRIVILEGES ON nova.* TO 'nova'@'%' IDENTIFIED BY
'openstack';
```

若此时使用 demo-openrc，将环境切换至 admin 环境下：

```
$ .admin-openrc
```

配置 Nova 服务访问权限，首先创建 Nova 用户（见图 4-44）：

```
$ openstack user create --domain default  --password-prompt nova
User Password: openstack
Repeat User Password: openstack
```

图 4-44　安装 Nova 的步骤 1

并添加 Nova 用户到 admin 角色中：

```
$ openstack role add --project service --user nova admin
```

创建 Nova 服务实体：

```
$ openstack service create -name nova -description "OpenStack Compu
te" compute
```

创建计算服务 API：

```
$ openstack endpoint create -region RegionOne compute public http:/
/controller:8774/v2.1/%\(tenant_id\)s
   $ openstack endpoint create -region RegionOne compute internal http
://controller:8774/v2.1/%\(tenant_id\)s
   $ openstack endpoint create --region RegionOne compute admin http:/
/controller:8774/v2.1/%\(tenant_id\)s
```

结果如图 4-45 所示。

创建完成后，开始安装 Nova 核心组件，使用 **apt-get** 命令安装 Nova（见图 4-46）：

```
# sudo apt install nova-api nova-conductor nova-consoleauth nova-no
vncproxy nova-scheduler
```

图 4-45　安装 Nova 的步骤 2

图 4-46　安装 nova 的步骤 3

编辑**/etc/nova/nova.conf** 文件（见图 4-47）：

在**[api_database]**和**[database]**区域，配置数据库访问 URI：

```
[api_database]
...
connection=mysql+pymysql://nova:openstack@controller/nova_api
[database]
...
```

```
connection=mysql+pymysql://nova:openstack@controller/nova
```

图 4-47　安装 Nova 的步骤 4

在[DEFAULT]区域，配置 RabbitMQ 消息队列访问权限：

```
[DEFAULT]
...
transport_url=rabbit://openstack:openstack@controller
```

在[DEFAULT]区域和[keystone_authtoken]区域，配置 keystone 访问权限：

```
[DEFAULT]
...
auth_strategy = keystone

[keystone_authtoken]
...
auth_uri=http://controller:5000
auth_url=http://controller:35357
memcached_servers = controller:11211
auth_type=password
project_domain_name=Default
user_domain_name=Default
project_name=service
username=nova
password=openstack
```

同时，在[DEFAULT]区域，配置 my_ip 选项为管理控制节点的 IP 地址，此处设为当前 IP：

```
[DEFAULT]
...
my_ip=59.69.0.158
```

```
use_neutron=True
firewall_driver=nova.virt.firewall.NoopFirewallDriver
```

在[vnc]部分，配置 vnc 代理：

```
[vnc]
...
vncserver_listen=$my_ip
vncserver_proxyclient_address=$my_ip
```

在[glance]部分，配置 glance api 地址：

```
[glance]
...
api_servers=http://controller:9292
```

并配置 Nova 的临时文件路径：

```
[oslo_concurrency]
...
lock_path=/var/lib/nova/tmp
```

配置完成后，执行数据库同步操作，输入以下命令以执行数据库同步（见图 4-48）：

```
# su -s /bin/sh -c "nova-manage api_db sync" nova
# su -s /bin/sh -c "nova-manage db sync" nova
```

图 4-48　安装 Nova 的步骤 5

全部配置完成后，重新启动 Nova 相关服务组件，命令如下：

```
# sudo service nova-api restart
# sudo service nova-consoleauth restart
# sudo service nova-scheduler restart
# sudo service nova-conductor restart
# sudo service nova-novncproxy restart
```

至此 Nova 配置完毕，接下来验证 Nova 的服务是否均正常运行：

若此时使用 demo-openrc，将环境切换至 admin 环境下：

```
$ .admin-openrc
```

查看 Nova 服务列表，并检查 status 与 state 是否正常，输入以下命令：

```
$ openstack compute service list
```

若全部正常，则如图 4-49 所示，至此 nova 计算服务配置完毕。

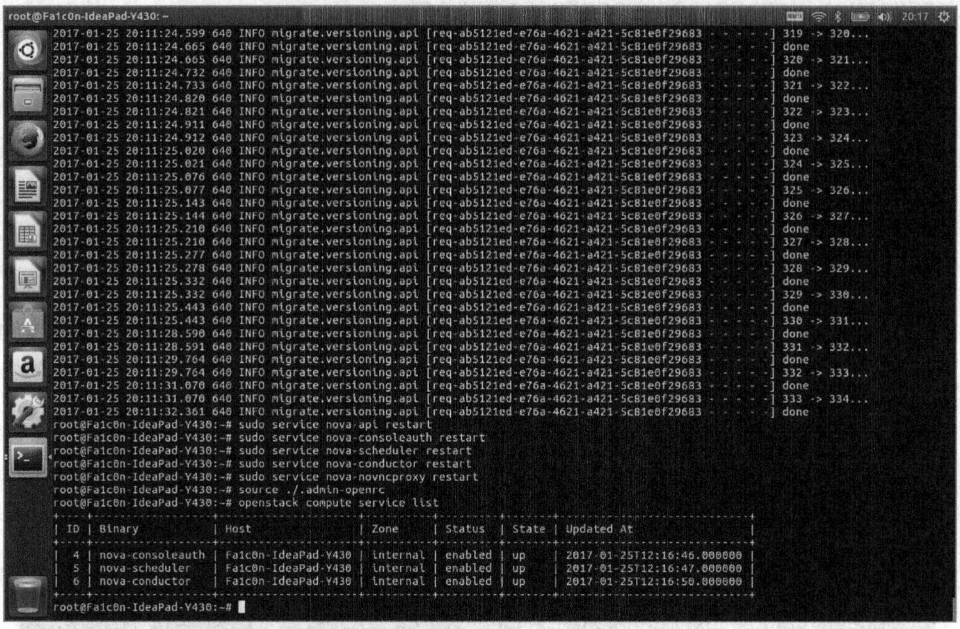

图 4-49　安装 Nova 的步骤 6

4.2.6　安装配置 Dashboard

首先，安装 Dashboard（见图 4-50）：

```
# sudo apt-get install openstack-dashboard
```

编辑/etc/openstack-dashboard/local_settings.py 文件：

配置 Dashboard 在控制节点上使用 OpenStack 服务：

```
OPENSTACK_HOST="controller"
```

配置 DashBoard 主机访问权限：

```
ALLOWED_HOSTS=['*', ]
```

配置 memcached session 存储服务：

```
SESSION_ENGINE='django.contrib.sessions.backends.cache'
CACHES={
    'default': {
        'BACKEND':
'django.core.cache.backends.memcached.MemcachedCache',
        'LOCATION': 'controller:11211',
    }
}
```

图 4-50　安装 Dashboard 的步骤 1

启用认证 API v3 版本服务：

```
OPENSTACK_KEYSTONE_URL="http://%s:5000/v3" % OPENSTACK_HOST
```

启用域名支持：

```
OPENSTACK_KEYSTONE_MULTIDOMAIN_SUPPORT=True
```

配置 API 版本：

```
OPENSTACK_API_VERSIONS={
    "identity": 3,
    "image": 2,
    "volume": 2,
}
```

将通过 Dashboard 创建的用户的默认域配置为 Default：

```
OPENSTACK_KEYSTONE_DEFAULT_DOMAIN="default"
```

通过 Dashboard 创建的用户的默认角色设置为 user：

```
OPENSTACK_KEYSTONE_DEFAULT_ROLE="user"
```

如果使用了第一种方法配置网络，需要禁用所有的 L3 网络服务：

```
OPENSTACK_NEUTRON_NETWORK={
    ...
    'enable_router': False,
    'enable_quotas': False,
    'enable_ipv6': False,
    'enable_distributed_router': False,
    'enable_ha_router': False,
    'enable_lb': False,
    'enable_firewall': False,
    'enable_vpn': False,
```

```
            'enable_fip_topology_check': False,
}
```

最后配置时间区域：

```
TIME_ZONE="TIME_ZONE"
```

此选项为可选配置，使用对应的时区替换 TIME_ZONE，时区列表地址可以参考 http://en.wikipedia.org/wiki/List_of_tz_database_time_zones。

最后，重新启动 **apache2** 服务：

```
# service apache2 reload
```

DashBoard 的访问地址为：

```
http://controller/horizon
```

此处可以替换为：

```
http://59.69.0.158/horizon
```

至此，DashBoard 配置完成，如图 4-51 所示。

图 4-51　安装 Dashboard 的步骤 2

小结

本章详细介绍了 OpenStack 的 Nova 模块、Glance 模块、Keystone 模块和 Neutron 模块。并介绍了 OpenStack 的 N 版在 Ubuntu 系统下的安装过程，主要包括 Ubuntu 系统的安装和环境准备，MySQL 数据库的安装、Keystone 的安装和配置、Glance 的安装和配置、Nova 的安装和配置及 Dashboard 的安装和配置。

习题

1. Nova 的架构中都包含哪些基本概念？

2. OpenStack 中镜像的状态分成几种？

3. 如何理解 Keystone 中的几个概念：User、Tenant、Role、Token。

4. 简述 Horizon 中创建 Neutron 网络的过程。

5. 成功安装并配置 OpenStack 的各个组件。

第5章
OpenStack 平台的管理

OpenStack 管理员主要负责 OpenStack 平台的管理工作，需要通过 COA 认证（Certified OpenStack Administrator）。COA 认证在 2015 年 10 月启动。OpenStack 基金会对参加 COA 认证的从业者有严格规定，至少具备六个月的 OpenStack 使用经验，并拥有 OpenStack 云管理和日常操作能力，同时要参加一个虚拟认证考试。该认证吸引了众多 OpenStack 合作伙伴加入，如 redhat、Oracle、rackspace、HPE、SUSE 等。

OpenStack 的日常管理工作包括认证管理、镜像管理、计算管理、网络和存储管理等，本章将详细介绍这些管理的命令使用。

5.1 认证管理（Keystone）

OpenStack 的 keystone 认证管理包括租户（项目）管理，用户管理和角色管理。

5.1.1 租户（项目）管理

project 等同于 tenants；OpenStack Compute Service（nova）作为认证时，称为 project；OpenStack Identity Service（keystone）作为认证时，称为 tenants；添加用户前需要添加对应的 project。

添加 tenant：
```
# keystone tenant-create --name cloud
```
列出 tenant：
```
# keystone tenant-list
```
更新信息：

```
# keystone tenant-update --description="use for test." --enabled=true
cloud
# keystone tenant-get cloud
```

5.1.2 用户管理

添加用户的方法：

```
# keystone user-create --name terry --tenant cloud --pass vipshop --email
<a target="_blank" href="mailto:signmem@hotmail.com">signmem@hotmail.co
m</a> --enabled true
```

更新用户信息：

```
keystone user-update --name terry --email terry@111.com terry
```

keystone user-list 命令只能列出所有用户或使用参数指定属于某个 project 中的用户：

```
# keystone user-list --tenant cloud
```

5.1.3 角色管理

角色创建方法：

```
# keystone role-create --name vgroup
```

把用户添加到某个角色中的方法：

```
# keystone user-role-add --user terry --role vgroup --tenant cloud
```

显示角色中的用户方法：

```
# keystone user-role-list --user terry --tenant cloud
```

移除角色中的某个用户：

```
# keystone user-role-remove --user terry --role vgroup --tenant cloud
```

5.2 镜像管理（Glance）

列出可以访问的镜像：

```
$ openstack image list
```

删除指定的镜像：

```
$ openstack image delete IMAGE
```

描述一个指定的镜像：

```
$ openstack image show IMAGE
```

更新镜像：

```
$ openstack image set IMAGE
```

上传内核镜像：

```
$ openstack image create "cirros-threepart-kernel" \
  --disk-format aki --container-format aki --public \
  --file ~/images/cirros-0.3.5-x86_64-kernel
```

上传 RAM 镜像：

```
$ openstack image create "cirros-threepart-ramdisk" \
  --disk-format ari --container-format ari --public \
  --file ~/images/cirros-0.3.5-x86_64-initramfs
```

上传第三方镜像：

```
$ openstack image create "cirros-threepart" --disk-format ami \
  --container-format ami --public \
  --property kernel_id=$KID-property ramdisk_id=$RID \
  --file ~/images/cirros-0.3.5-x86_64-rootfs.img
```

注册 raw 镜像：

```
$ openstack image create "cirros-raw" --disk-format raw \
  --container-format bare --public \
  --file ~/images/cirros-0.3.5-x86_64-disk.img
```

5.3 计算管理（Nova）

OpenStack 的计算管理（nova）包括资源管理、实例管理、服务管理、flavor 管理、密钥管理和安全组管理。

5.3.1 资源管理

配额可限制 tenants 用尽资源，如浮动 IP、内存、CPU 等可管理资源。

fixed-ips：每个 project 可用固定 IP 地址，必须大于等于实例可用的 IP 地址数量。

floating-ips：每个 project 可用的浮动 IP 地址。

injected-file-content-bytes：添加的文件最大可包含多少 bytes。

injected-file-path-bytes：指定的文件目录下最大可包含的文件 bytes。

injected-files：每个 project 可以包含的文件数量。

Instances：每个 project 可包含的最多的 instances 数量。

key-pairs：每个用户可用的 key-pairs 的数量。

metadata-items：每个实例可拥有的 metadata-items 数量。

ram：允许每个 project 中的 instances 可用的 ram（MB）数量。

security-group-rules：可用的安全组规则。

security-groups：每个 project 的安全组。

cores：每个 project 可用的虚拟 CPU 个数。

显示：

```
# nova quota-defaults
```

更新方法：

```
# nova quota-class-update --instances 20 default
# nova quota-defaults
```

5.3.2　实例管理

列出实例，核实实例状态：

```
$ openstack server list
```

列出镜像：

```
$ openstack image list
Create a flavor named m1.tiny
$ openstack flavor create --ram 512 --disk 1 --vcpus 1 m1.tiny
```

列出规格类型：

```
$ openstack flavor list
```

用类型和镜像名称（如果名称唯一）启动云主机：

```
$ openstack server create --image IMAGE --flavor FLAVOR INSTANCE_NAME
$ openstack server create --image cirros-0.3.5-x86_64-uec --flavor
m1.tiny \
  MyFirstInstance
# ip netns
# ip netns exec NETNS_NAME ssh USER@SERVER
# ip netns exec qdhcp-6021a3b4-8587-4f9c-8064-0103885dfba2 \
  ssh cirros@10.0.0.2
 $ ssh cloud-user@128.107.37.150
```

显示实例详细信息：

```
$ openstack server show NAME
$ openstack server show MyFirstInstance
```

查看云主机的控制台日志：

```
$ openstack console log show MyFirstInstance
```

设置云主机的元数据：

```
$ nova meta volumeTwoImage set newmeta='my meta data'
```

创建一个实例快照：

```
$ openstack image create volumeTwoImage snapshotOfVolumeImage
$ openstack image show snapshotOfVolumeImage
```

暂停：

```
$ openstack server pause NAME
$ openstack server pause volumeTwoImage
```

取消挂起：

```
$ openstack server unpause NAME
```

挂起：

```
$ openstack server suspend NAME
Unsuspend
$ openstack server resume NAME
```

关机：

```
$ openstack server stop NAME
```

开始：

```
$ openstack server start NAME
```

恢复：

```
$ openstack server rescue NAME
$ openstack server rescue NAME --rescue_image_ref RESCUE_IMAGE
```

调整大小：

```
$ openstack server resize NAME FLAVOR
$ openstack server resize my-pem-server m1.small
$ openstack server resize --confirm my-pem-server1
```

重建：

```
$ openstack server rebuild NAME IMAGE
$ openstack server rebuild newtinny cirros-qcow2
```

重启：

```
$ openstack server reboot NAME
$ openstack server reboot newtinny
```

将用户数据和文件注入到实例：

```
$ openstack server create --user-data FILE INSTANCE
$ openstack server create --user-data userdata.txt --image cirros-qcow2 \
  --flavor m1.tiny MyUserdataInstance2
```

使用 ssh 连接到实例，查看/var/lib/cloud 验证文件是否成功注入。

启动实例：

```
$ openstack server create --image cirros-0.3.5-x86_64 --flavor m1.small \
  --key-name test MyFirstServer
```

使用 ssh 连接到实例：

```
# ip netns exec qdhcp-98f09f1e-64c4-4301-a897-5067ee6d544f \
  ssh -i test.pem cirros@10.0.0.4
```

5.3.3   服务管理

列出 openstack 当前可用的服务器：

```
# nova host-list
```

当前使用 all in one 模式，所以只返回一个 host_name 结果。

列出主机上的服务状态：

```
# nova service-list
```

关闭某个服务：

```
nova service-disable localhost.localdomain nova-compute --reason
'trial log' <- just test
```

重新启动服务：

```
nova service-enable localhost.localdomain nova-compute
```

5.3.4   flavor 管理

创建自定义 flavor：

```
# nova flavor-create m1.vcomputer 6 2048 20 1
```

列出：

```
# nova flavor-list
```

创建后需要分配到对应的 project：

```
nova flavor-access-add 6 9467f30b8bba4770a06a687e4584636b
```

5.3.5 密钥管理

当 instance 分配了浮动 IP 后，允许 server 能够直接访问 instance 时，才可以利用密钥配对进行访问：

给实例注入一个密钥对并通过密钥对访问实例。

（1）创建秘钥对：

```
$ openstack keypair create test>test.pem
$ chmod 600 test.pem
```

（2）ssh-keygen 命令（默认安装时已经生成密钥）：

① 添加密钥方法：

```
# nova keypair-add --pub-key /root/.ssh/id_rsa.pub terrykey
```

② 显示密钥方法：

```
# nova keypair-list
```

5.3.6 安全组管理

列出当前所有安全组：

```
# nova  secgroup-list
```

列出某个组中的安全规则：

```
# nova  secgroup-list-rules default
```

增加规则方法（允许 ping）：

```
# nova secgroup-add-rule terry icmp -1 -1 0.0.0.0/0
```

增加规则方法（允许 ssh）：

```
# nova secgroup-add-rule terry tcp  22 22 0.0.0.0/0
```

增加规则方法（允许 dns 外部访问）：

```
# nova secgroup-add-rule terry udp 53 53 0.0.0.0/0
```

列出自定义组规则：

```
# nova secgroup-list-rules terry
```

尝试修改 default secgroup：

```
# nova secgroup-list-rules default
```

添加规则（允许 ping）：

```
# nova secgroup-add-rule default icmp -1 -1 0.0.0.0/0
```

添加规则（允许 ssh）：

```
# nova secgroup-add-rule default tcp  22 22 0.0.0.0/0
```

添加规则（允许 dns 外部访问）：

```
# nova secgroup-add-rule default udp 53 53 0.0.0.0/0
```

列出默认组规则：

```
# nova secgroup-list-rules default
```

删除某个实例，使用中的规则：

```
nova remove-secgroup terry_instance1 terry
```

虚拟机启动后，无法在增加其他规则。

5.4 网络管理（Neutron）

5.4.1 内部网络管理

显示当前 OpenStack 网络的方法：

```
# nova network-list
```

使用下面的变量：

```
export OS_USERNAME=admin
export OS_PASSWORD=password
export OS_TENANT_NAME=admin
export OS_AUTH_URL=http://localhost:5000/v2.0
```

另一种列出网络的方法：

```
# neutron net-list
```

显示某个网络详细信息：

```
# neutron net-show public
```

显示网络 extension 详细信息：

```
# neutron ext-list
```

创建私有网络：

```
# neutron net-create net1
```

显示 net1 网络详细信息：

```
# neutron net-show net1
```

创建私网络 net1 的子网：

```
# neutron subnet-create --name terry_pri_net1 --allocation-pool
start=10.0.0.50,end=10.0.0.100 --no-gateway --ip-version 4 net1 10.0.0.
0/24
```

显示 net1 网络的详细信息：

```
# neutron net-show net1
```

5.4.2 外部网络管理

创建公网：

```
# neutron net-create --router:external=true pub1
```

参数--router:external=true 表示创建的是公网网络。

查询公网网络信息：

```
# nova network-list | grep pub1
```

把该 **id (aebe75f0-6013-4a5e-bbd9-cb81e1f017bc)**定义到**/etc/neutron/l3_agent.ini**：

```
gateway_external_network_id=aebe75f0-6013-4a5e-bbd9-cb81e1f017bc
handle_internal_only_routers=True
external_network_id=aebe75f0-6013-4a5e-bbd9-cb81e1f017bc
external_network_bridge=br-ex
```

重启服务：

```
/etc/init.d/neutron-l3-agent restart
```

创建子网：

```
neutron subnet-create -name terry_pub_net1 --allocation-pool start=
192.168.48.142,end=192.168.48.148 -gateway 192.168.48.1 --dns-nameserve
r 192.168.86.37 --enable_dhcp=False --ip-version 4  pub1 192.168.48.0/24
```

删除网络的方法：

```
neutron net-delete pub1
```

查询外部网络：

```
# nova floating-ip-pool-list
```

5.4.3 路由管理

创建路由连接到外部网络，这个路由可以与内部网络进行连接。可以在创建过程中指定一个 **tenant**，利用参数**--tenant-id** 进行定义。

创建路由：

```
neutron router-create ext-to-int --tenant-id 9467f30b8bba4770a06a68
7e4584636b
```

查询方法：

```
# neutron router-list | grep -v router1
```

查询外部网络：

```
# neutron net-list | grep pub1
```

连接路由到外部网络，设定外部网络网关：

```
#  neutron  router-gateway-set  b83f43cd-bf8f-42f8-812a-708c2c372820
aebe75f0-6013-4a5e-bbd9-cb81e1f017bc
# neutron router-list | grep -v router1
```

列出子网信息：

```
# neutron subnet-list | grep terry
```

创建内部网络路由接口：

```
#  neutron  router-interface-add  b83f43cd-bf8f-42f8-812a-708c2c372820
3066c397-bccf-4473-8a94-72b09a97a70a
```

显示路由信息：

```
# neutron router-show b83f43cd-bf8f-42f8-812a-708c2c372820
```

移除路由接口（**interface**）：

```
# neutron router-interface-delete b83f43cd-bf8f-42f8-812a-708c2c372
```

820 3066c397-bccf-4473-8a94-72b09a97a70a

移除路由的默认网关。

查询：

```
# neutron router-list | grep network | grep ext-to-int
```

当 external_gateway_info 则表示具有默认网关

删除网关接口：

```
# neutron router-gateway-clear b83f43cd-bf8f-42f8-812a-708c2c372820
```

下面显示为不具备网关的路由：

```
# neutron router-list | grep ext-to-int
```

删除路由：

```
# neutron router-delete b83f43cd-bf8f-42f8-812a-708c2c372820
```

5.5 块存储管理（Cinder）

OpenStack 的块存储管理（cinder）包括卷管理和磁盘的配额管理。

5.5.1 卷管理

卷管理用于管理连接到实例的卷和卷快照。

创建一个新卷：

```
$ openstack volume create --size SIZE_IN_GB NAME
$ openstack volume create --size 1 MyFirstVolume
```

启动实例并将它连接到卷上：

```
$ openstack server create --image cirros-qcow2 --flavor m1.tiny MyVolumeInstance
```

列出所有卷，注意卷状态：

```
$ openstack volume list
```

当实例为正常状态且卷为可用状态时，将卷连接到实例：

```
$ openstack server add volume INSTANCE_ID VOLUME_ID
$ openstack server add volume MyVolumeInstance 573e024d-5235-49ce-8332-be1576d323f8
```

在 Xen Hypervisor 可以指定具体的设备名，而不使用自动分配的名称，例如：

```
$ openstack server add volume --device /dev/vdb MyVolumeInstance 573e024d..1576d323f8
```

登录实例之后管理卷组，列出存储器：

```
# fdisk -l
```

在卷上建立文件系统：

```
# mkfs.ext3 /dev/vdb
```

创建一个挂载点：

```
# mkdir /myspace
```

在挂载点挂载卷：

```
# mount /dev/vdb /myspace
```

在卷上创建一个文件：

```
# touch /myspace/helloworld.txt
# ls /myspace
```

卸载卷：

```
# umount /myspace
```

5.5.2　磁盘配额管理

下面的方法限制用户在所有 project 中的磁盘总大小

```
/etc/glance/glance-api.conf
user_storage_quota=0     以 byte 进行计算 ex: 5368709120 (5G)
```

ex: icehouse 版本后，需要修改配置文件 glance-api.conf 中 image_member_quota 的配置。

默认配额配置文件：

```
/etc/cinder/cinder.conf
#quota_volumes=10
#quota_snapshots=10
#quota_gigabytes=1000
```

分别查询，默认或为某个 project 配额：

```
# cinder quota-defaults default
# cinder quota-show 9467f30b8bba4770a06a687e4584636b
```

修改 cloud 配额：

```
# cinder quota-update --volumes 15 cloud
```

查询修改后设定：

```
# cinder quota-show cloud
```

5.6　对象存储管理（Swift）

展示对象存储状态信息：

```
$ swift stat
```

展示账户的信息：

```
$ swift stat ACCOUNT
```

展示容器的信息：

```
$ swift stat CONTAINER
```

展示对象的信息：

```
$ swift stat OBJECT
```

列出容器：

```
$ swift list
```

小结

本章详细介绍了 OpenStack 平台的管理。OpenStack 的日常管理工作包括认证管理、镜像管理、计算管理、网络和存储管理等。

习题

1. 使用命令创建一个角色，并将已有用户添加到这个角色中。

2. 使用命令列出可以访问的镜像，并删除其中一个镜像。

3. 使用命令实现实例的创建、启动、暂停、挂起、停止、救援、调整规格、重建、重启。

4. 使用命令创建一个私有网络和公网网络。

5. 使用命令修改一个磁盘的配额。

第6章
综合实例：使用 OpenStack
搭建多节点私有云

本章将从实战角度介绍 OpenStack 多节点的私有云搭建。

6.1 多节点配置

多节点配置是在单节点配置的基础上增加节点进行配置。增加的节点包括计算节点、存储节点等。本节中多节点配置仅在单节点配置成功后，在另外的节点上进行额外的配置。

6.1.1 配置计算节点

首先安装 Nova-compute 组件：

```
# sudo apt-get install nova-compute
```

编辑/etc/nova/nova.conf 文件：

在[DEFAULT]区域，配置 RabbitMQ 消息队列，认证服务访问方法，vnc、glance、防火墙、Neutron 等配置：

```
[DEFAULT]
#设置转接口 url 地址
transport_url=rabbit://openstack:openstack@controller
#设置认证为 keystone
auth_strategy=keystone
#设置本机 ip
```

```
my_ip=MANAGEMENT_INTERFACE_IP_ADDRESS
#设置是否使用 neutron
use_neutron=True
#设置防火墙驱动
firewall_driver=nova.virt.firewall.NoopFirewallDriver

[keystone_authtoken]
#设置认证的 uri 和 url
auth_uri=http://controller:5000
auth_url=http://controller:35357
#设置缓存服务器的地址和端口
memcached_servers=controller:11211
#设置认证类型为密码
auth_type=password
#设置项目域名
project_domain_name=Default
#设置用户域名
user_domain_name=Default
#设置项目的名字
project_name=service
#设置用户名和密码
username=nova
password=openstack

[vnc]
#设置 vnc 为打开状态
enabled=True
#设置 vnc 的监听
vncserver_listen=0.0.0.0
    #设置 vnc 代理客户的 ip 地址
vncserver_proxyclient_address=$my_ip
#设置 vnc 代理基地址
novncproxy_base_url=http://controller:6080/vnc_auto.html

[glance]
#设置镜像 api 服务器地址 url
api_servers=http://controller:9292

[oslo_concurrency]
lock_path=/var/lib/nova/tmp
```

MANAGEMENT_INTERFACE_IP_ADDRESS 可以替换为 controller 的 IP 地址，如 59.69.0.158.

完成配置后，需要检查主机是否支持虚拟化技术，可使用如下命令检查：

```
$ egrep -c '(vmx|svm)' /proc/cpuinfo
```

若存在 vmx 或 svm 技术，则编辑文件/etc/nova/nova-compute.conf：

```
[libvirt]
virt_type=qemu
```

完成后重启 nova 服务：

```
# service nova-compute restart
```

至此。计算节点的 Nova 服务配置完毕。

6.1.2　配置网络

① 首先安装 Neutron 组件：

```
# sudo apt-get install neutron-linuxbridge-agent
```

编辑文件/etc/neutron/neutron.conf：

在[DEFAULT]区域，配置 RabbitMQ 访问权限以及认证服务访问权限等：

```
[DEFAULT]
#设置转接口 url
transport_url=rabbit://openstack:openstack@controller
#设置认证组件为 keystone
auth_strategy=keystone
[keystone_authtoken]
#设置 keystone 认证相关的参数
auth_uri=http://controller:5000
auth_url=http://controller:35357
memcached_servers=controller:11211
auth_type=password
project_domain_name=Default
user_domain_name=Default
project_name=service
username=neutron
password=openstack
```

② 接下来开始配置网络模块。网络部分的配置仍然分为两个部分。

a. 首先按照第一种网络的配置方法（Provider Network），修改/etc/neutron/plugins/ml2/linuxbridge_agent.ini 文件。

在[linux_bridge]部分，添加 provider 的网卡名称：

```
[linux_bridge]
physical_interface_mappings=provider:PROVIDER_INTERFACE_NAME
```

替换 PROVIDER_INTERFACE_NAME 为物理网卡接口的名称。

在[vxlan]部分，关闭 VXLAN 映射网络：

```
[vxlan]
enable_vxlan=False
```

在 [securitygroup]部分，启用安全组规则并配置 Linux 网桥防火墙驱动：

```
[securitygroup]
enable_security_group=True
firewall_driver = neutron.agent.linux.iptables_firewall.
IptablesFirewallDriver
```

至此，第一种方式的网络部分配置完成。

b. 按照第二种方式（Self-service Network）配置网络，修改/etc/neutron/plugins/ml2/linuxbridge_agent.ini 文件。

在[linux_bridge]部分，添加 provider 的网卡名称：

```
[linux_bridge]
physical_interface_mappings=provider:PROVIDER_INTERFACE_NAME
```

替换 PROVIDER_INTERFACE_NAME 为物理网卡接口的名称。

在[vxlan]部分，打开 VXLAN 映射网络：

```
[vxlan]
enable_vxlan=True
local_ip=OVERLAY_INTERFACE_IP_ADDRESS
l2_population=True
```

将 OVERLAY_INTERFACE_IP_ADDRESS 替换为处理覆盖网络的基础物理网络接口的 IP 地址。此网络结构使用管理接口将流量隧道传送到其他节点。因此，将 OVERLAY_INTERFACE_IP_ADDRESS 替换为计算节点的管理 IP 地址。

在[securitygroup]部分，启用安全组规则并配置 Linux 网桥防火墙驱动：

```
[securitygroup]
enable_security_group=True
firewall_driver = neutron.agent.linux.iptables_firewall.
IptablesFirewallDriver
```

至此，第二种方式的网络部分配置完成。

③ 网络部分配置完成后，需要配置计算服务使用网络。

编辑文件/etc/nova/nova.conf，在[neutron]部分进行修改：

```
[neutron]
#设置 keystone 认证相关的参数
url=http://controller:9696
auth_url=http://controller:35357
auth_type=password
project_domain_name=Default
user_domain_name=Default
region_name=RegionOne
project_name=service
username=neutron
password=openstack
```

重启计算节点服务以及网桥服务：

```
# sudo service nova-compute restart
# sudo service neutron-linuxbridge-agent restart
```

至此，计算节点的网络服务配置完毕。

6.1.3　配置存储

首先安装 LVM 软件包：

```
# sudo apt-get install lvm2
```

创建一个 LVM 物理卷：

```
# pvcreate /dev/sdb
```

创建 LVM 卷组 cinder-volumes：

```
# vgcreate cinder-volumes /dev/sdb
```

只有虚拟机实例可以访问块存储卷。然而，底层操作系统管理与卷相关联的设备。默认情况下，LVM 卷扫描工具扫描/dev 目录中包含卷的块存储设备。如果项目在其卷上使用 LVM，则扫描工具会检测这些卷并尝试缓存这些卷，这可能会对底层操作系统和项目卷造成各种问题。必须重新配置 LVM 才能仅扫描包含 cinder-volume 卷组的设备。编辑/etc/lvm/lvm.conf 文件并完成以下操作：

① 在 devices 部分中，添加一个接受/dev/sdb 设备并拒绝所有其他设备的过滤器：

```
devices {
...
filter=[ "a/sdb/", "r/.*/"]
```

过滤器数组中的每个项目都以一个 for 开头，或者以 reject 开头，并包含设备名称的正则表达式。阵列必须以 r/.*/结尾，以拒绝任何剩余的设备。可以使用 vgs-vvvv 命令测试过滤器。

如果存储节点在操作系统磁盘上使用 LVM，还必须将关联的设备添加到过滤器中。例如，如果/dev/sda 设备包含操作系统：

```
filter=["a/sda/","a/sdb/","r/.*/"]
```

类似地，如果计算节点在操作系统磁盘上使用 LVM，还必须修改这些节点上/etc/lvm/lvm.conf 文件中的过滤器，使其仅包括操作系统磁盘。例如，/dev/sda 设备包含操作系统：

```
filter=[ "a/sda/", "r/.*/"]
```

② 接下来开始安装 cinder 核心组件：

```
# sudo apt-get install cinder-volume
```

③ 安装完成后，编辑/etc/cinder/cinder.conf 文件。

在[database]区，配置数据库访问地址：

```
[database]
connection=mysql+pymysql://cinder:openstack@controller/CINDER
```

在[DEFAULT]区，配置 RabbitMQ 消息队列访问和验证方法并启用 LVM，添加 Glance 服务器地址：

```
[DEFAULT]
transport_url=rabbit://openstack:openstack@controller
auth_strategy=keystone
enabled_backends=lvm
glance_api_servers=http://controller:9292
```

在[keystone_authtoken]区配置 keystone 访问权限：

```
[keystone_authtoken]
#设置 keystone 认证相关的参数
auth_uri=http://controller:5000
auth_url=http://controller:35357
memcached_servers=controller:11211
auth_type=password
project_domain_name=Default
user_domain_name=Default
```

```
project_name=service
username=cinder
password=openstack
```

接下来，在[DEFAULT]区域，配置 **my_ip** 选项控制节点使用管理接口 IP 地址：

```
[DEFAULT]
my_ip=59.69.0.158
```

在[lvm]部分，使用 LVM 驱动程序，cinder-volumes 卷组，iSCSI 协议和适当的 iSCSI 服务配置 LVM 后端：

```
[lvm]
volume_driver=cinder.volume.drivers.lvm.LVMVolumeDriver
volume_group=cinder-volumes
iscsi_protocol=iscsi
iscsi_helper=tgtadm
```

在[oslo_concurrency]部分，配置临时文件路径：

```
[oslo_concurrency]
lock_path=/var/lib/cinder/tmp
```

④ 配置完成后，保存重新启动服务以及块存储服务：

```
# service tgt restart
# service cinder-volume restart
```

至此，存储节点配置完毕。

多节点配置文档中目前只包含计算节点和存储节点。ceilometer、manila、swift 等服务的多节点配置文档本节不再提供，详情可查询 OpenStack 官方网站 http://docs.openstack.org/newton/install-guide-ubuntu/additional-services.html。

6.2 搭建私有云

在多节点配置完成后，可以进行私有云的搭建。私有云的搭建可通过命令行方式，也可通过仪表盘进行可视化图形操作。

6.2.1 创建实例

① 进行如下配置，才能开始创建虚拟机实例。

首先创建一个模板，此处以最小模板为例：

```
$ openstack flavor create --id 0 --vcpus 1 --ram 64 --disk 1 m1.nano
```

创建完成后，需要生成一个密钥对。

要生成密钥对，首先需要切换至 demo 环境下：

```
$ .demo-openrc
```

使用下面的命令生成密钥对：

```
$ ssh-keygen -q -N ""
$ openstack keypair create --public-key ~/.ssh/id_rsa.pub mykey
```

查看密钥对是否生成成功：

```
$ openstack keypair list
```

② 密钥对生成成功后，需要添加安全组规则。

首先添加允许 **ICMP** 协议到默认安全组：

```
$ openstack security group rule create --proto icmp default
```

并且允许 **SSH** 协议：

```
$ openstack security group rule create --proto tcp --dst-port 22 default
```

接下来即可启动虚拟机。启动虚拟机时网络的选择，有两种不同的操作方法。

若使用 **VXLAN** 方法创建网络，首先加载 demo 环境：

```
$ .demo-openrc
```

查看刚刚创建的模板（**flavor**）：

```
$ openstack flavor list
```

查看可用的镜像列表：

```
$ openstack image list
```

查看可用的网络：

```
$ openstack network list
```

查看安全组：

```
$ openstack security group list
```

若没有问题，可开始创建虚拟机实例。

使用如下命令创建虚拟机实例：

```
$ openstack server create --flavor m1.nano --image cirros --nic
net-id=PROVIDER_NET_ID --security-group default --key-name mykey provid
er-instance
```

将 PROVIDER_NET_ID 替换为 Provider 网络的 ID。

执行成功后，检查虚拟机执行状态：

```
$ openstack server list
```

若虚拟机的 **Status** 为 **Active**，则证明虚拟机已启动成功。

若需要获取虚拟机控制台的访问权限，可使用如下命令查看：

```
$ openstack console url show provider-instance
```

可分别使用 **ping** 命令检查网络是否可通：

```
$ ping -c 4 203.0.113.1
$ ping -c 4 openstack.org
$ ping -c 4 203.0.113.103
```

也可直接远程访问虚拟机实例：

```
$ ssh cirros@203.0.113.103
```

若使用 **L3** 网络方法创建网络，首先加载 demo 环境：

```
$ .demo-openrc
```

查看刚刚创建的模板（**flavor**）：

```
$ openstack flavor list
```

查看可用的镜像列表：

```
$ openstack image list
```

查看可用的网络:

```
$ openstack network list
```

查看安全组:

```
$ openstack security group list
```

若没有问题,可以开始创建虚拟机实例。使用如下命令创建虚拟机实例:

```
$ openstack server create --flavor m1.nano --image cirros --nic
net-id=SELFSERVICE_NET_ID --security-group default --key-name mykey
selfservice-instance
```

将 SELFSERVICE_NET_ID 替换为 self-service 网络的 ID。

6.2.2 查看实例信息

当虚拟机创建成功后,检查虚拟机执行状态:

```
$ openstack server list
```

若需要获取虚拟机控制台的访问权限,可使用如下命令查看:

```
$ openstack console url show selfservice-instance
```

可分别使用 ping 命令检查网络是否可通:

```
$ ping -c 4 172.16.1.1
$ ping -c 4 openstack.org
```

6.2.3 创建浮动 IP

若要配置远程访问,首先需要在 Provider 虚拟网络创建一个浮动 IP 地址:

```
$ openstack floating ip create provider
```

配置该浮动 IP 地址给虚拟机实例:

```
$ openstack server add floating ip selfservice-instance 203.0.113.104
```

执行成功后,检查虚拟机执行状态:

```
$ openstack server list
```

使用 ping 命令检查网络是否连通:

```
$ ping -c 4 203.0.113.104
```

也可直接远程访问虚拟机实例:

```
$ ssh cirros@203.0.113.104
```

6.2.4 绑定虚拟机

若要配置 cinder 创建一个 volume,首先需要加载 demo 环境:

```
$ .demo-openrc
```

创建一个 1 GB 的卷:

```
$ openstack volume create --size 1 volume1
```

完成之后,可使用如下命令检查卷是否可用:

```
$ openstack volume list
```

若卷处于可用状态，则可以将卷挂载至指定虚拟机：

```
$ openstack server add volume INSTANCE_NAME VOLUME_NAME
```

INSTANCE_NAME 替换为虚拟机实例的名称，VOLUME_NAME 是为该虚拟机挂载
的卷。

示例：

```
$ openstack server add volume provider-instance volume1
```

再次查看卷列表，可以看到虚拟机绑定信息：

```
$ openstack volume list
```

可远程连接至虚拟机，输入以下命令查看卷是否已挂载成功：

```
$ sudo fdisk -l
```

6.2.5　图形化操作

上面的操作可以使用命令行方式进行配置，也可以使用 OpenStack Dashboard 进行可
视化操作。首先来第一部分，这部分最容易执行，因为该部分映射到了 Horizon 仪表板。
管理员可以创建项目和用户，也可以给用户分配角色并将其聚集成组来简化管理。

第一步通常是创建一个项目。以管理员身份登录到 OpenStack Dashboard。在导航
面板中的"身份管理"下，单击"项目"下的"创建项目"按钮，弹出图 6-1 所示的对
话框。

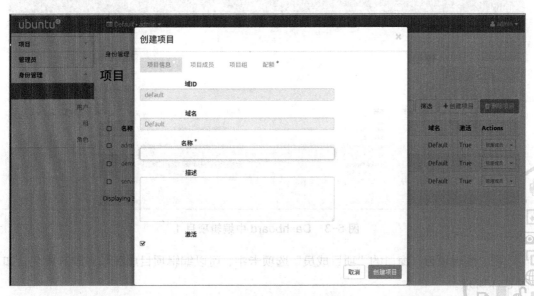

图 6-1　Dashboard 中创建项目

此时，除了名称和描述外，不需要任何信息。至少需要一个用户。在"身份管理"下，
单击"用户"下的"创建用户"按钮，弹出图 6-2 所示的对话框。

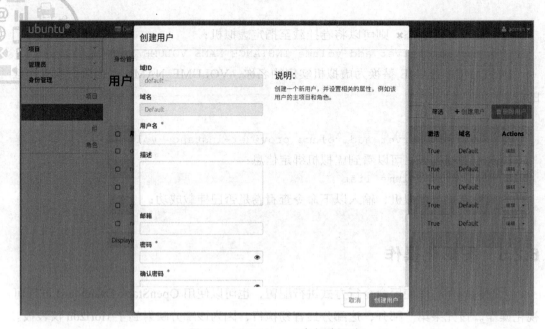

图 6-2　Dashboard 中创建用户

在"身份管理"下，单击"项目"下的"编辑项目"按钮，弹出图 6-3 所示的对话框，编辑项目。

图 6-3　Dashboard 中编辑项目 1

在"编辑项目"窗口的"项目成员"选项卡中，可以编辑项目成员和更改其角色，如图 6-4 所示。

还可以使用"配额"选项卡（见图 6-5）指定项目的限制条件。这在多租户环境中尤其有用，可确保一个项目不会使用过多的资源，也不会遗漏在同一基础架构上运行的其他关键服务。

图 6-4 Dashboard 中编辑项目 2

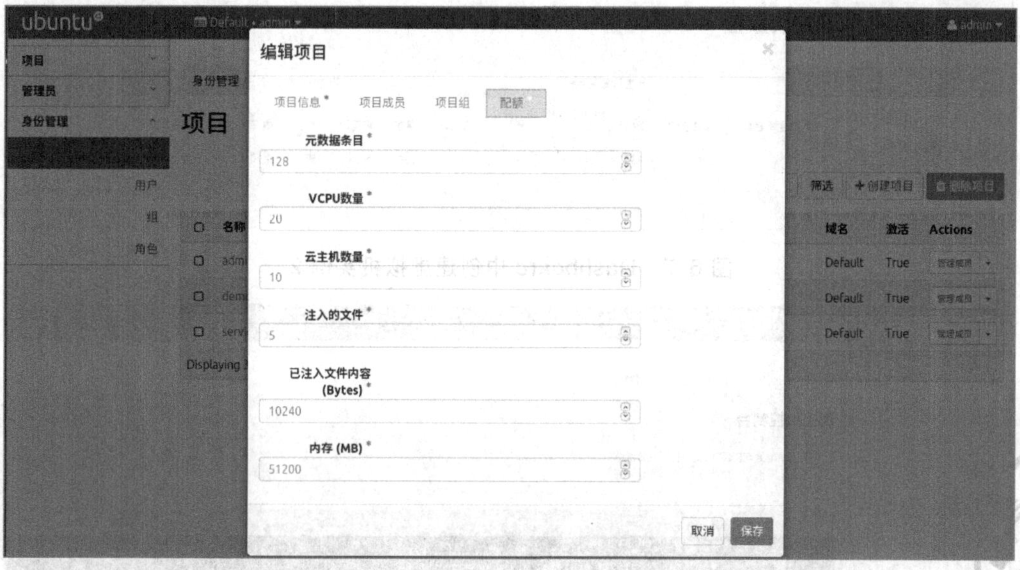

图 6-5 Dashboard 中编辑项目 3

另外，在进入项目后，创建一个虚拟机实例，如图 6-6 所示，单击"创建云主机"按钮。

配置完成后，创建一个虚拟机，配置 512 MB 内存，1 个 VCPU，创建成功后如图 6-7 所示。

单击"控制台"按钮，可看到 cirros 虚拟机已成功运行，如图 6-8 所示。

至此，使用私有云搭建完成。

图 6-6　Dashboard 中创建虚拟机实例 1

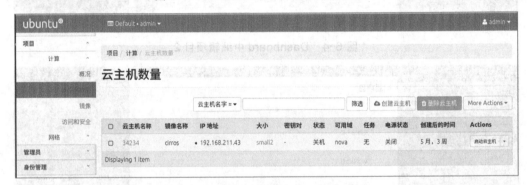

图 6-7　Dashboard 中创建虚拟机实例 2

图 6-8　Dashboard 中创建虚拟机实例 3

小结

本章从实战角度出发，详细介绍了 OpenStack 多节点的私有云搭建过程。本章内容作为综合实例，方便读者理解本书的知识点。如需熟练掌握还要动手多加练习。

习题

1. 动手实现计算节点和存储节点分别部署的多节点配置。
2. 使用命令行在多节点上搭建私有云。
3. 使用图形界面在多节点上搭建私有云。

参考文献

[1] 张子凡. OpenStack 部署实践[M]. 2 版. 北京：人民邮电出版社，2016.

[2] 戢友. OpenStack 开源云王者归来：云计算、虚拟化、Nova、Swift、Quantum 与 Hadoop[M]. 北京：清华大学出版社，2014.

[3] 英特尔开源技术中心. OpenStack 设计与实现[M]. 2 版. 北京：电子工业出版社，2017.

[4] 法菲尔德. OpenStack 运维指南[M]. 钱永超，译. 北京：人民邮电出版社，2015.

[5] THOMAS ERL. 云计算：概念、技术与架构[M]. 龚奕利，贺莲，胡创，译. 北京：机械工业出版社，2014.

[6] 刘鹏. 云计算[M]. 3 版. 北京：电子工业出版社，2015.

[7] 汤兵勇. 云计算概论：基础、技术、商务、应用[M]. 2 版. 北京：化学工业出版社，2016.

[8] 陈国良，明仲. 云计算工程[M]. 北京：人民邮电出版社，2016.

[9] 刘志成，林东升，彭勇. 云计算技术与应用基础[M]. 北京：人民邮电出版社，2017.

[10] 杰克逊，邦奇. OpenStack 云计算实战手册[M]. 2 版. 黄凯，杜玉杰，译. 北京：人民邮电出版社，2014.

[11] V. K. Cody Bumgardner. OpenStack 实战[M]. 颜海峰，译. 北京：人民邮电出版社，2017.

[12] 唐宏，秦润峰. 开源云 OpenStack 技术指南[M]. 北京：科学出版社，2016.

[13] 卢万龙. OpenStack 从零开始学[M]. 北京：电子工业出版社，2016.

[14] 陈伯龙，程志鹏，张杰. 云计算与 OpenStack（虚拟机 Nova 篇）[M]. 北京：电子工业出版社，2013.

[15] KUMAR A,SHELLEY D. 深入理解 OpenStack Trove[M]. 党明，雷冬，王少辉，译. 北京：电子工业出版社，2016.

[16] 张华，向辉，刘艳凯. 深入浅出 Neutron：OpenStack 网络技术[M]. 北京：清华大学出版社，2015.